쉽게 배우는

AI 기반 (DoBot Magician Lite)
스마트 로봇제어

김진우 지음

LPK로보틱스 감수

光文閣
www.kwangmoonkag.co.kr

AI 기반
스마트 로봇제어

머리말

21세기 초부터 불어닥친 4차 산업혁명과 인공지능의 열풍은 식을 줄 모르고 제조 현장뿐만 아니라 사회 여러분야에 광범위하게 적용되고 있다.

특히 4차 산업혁명의 급속한 발전에 따라 로봇산업이 향후 21세기를 주도하는 핵심산업으로 발전할 것으로 예상되며, 이에 따라 국가 차원에서도 10대 차세대 성장동력산업의 하나로 로봇사업을 선정하여 중점 육성하고 있다.

이와 같은 로봇관련 기술은 산업체와 가정 등 거의 모든 분야에서 인간의 삶을 더욱 풍요롭고 자유롭게 하여 삶의 질을 향상시키는데 필수적인 보조수단이 되고 있으며, 다양한 분야에 그리고 다양한 종류의 로봇들이 속속 등장하며 활용되고 있다.

그리고 로봇과 관련 없는 사람들도 이렇게 다양한 분야에 활용되고 있는, 움직이는 로봇에 호기심과 흥미를 느끼고 배우고 싶은 마음이 저절로 생기게 된다.

과거 제조현장 등에만 주로 적용되어 다소 멀게만 느껴졌던 로봇은 이제 우리에게 가까이 다가왔으며 지금은 움직이는 동작을 보고만 있어도 즐겁고, 활용해 봐도 즐겁게 느껴지는 시대가 된 것이다.

그러나 로봇의 구조를 확실하게 이해하고, 직접 활용을 하려한 다면 충분한 준비가 필요하다. 예를 들어 로봇이 어떠한 물체를 원하는 위치에 신속하고 정확하게 이동하고 자리를 잡기 위해서는 기구학, 역학 그리고 모터, 센서, 공압, S/W, 제어계측 등의 여러 가지 공학 지식과 경험이 필요하다.

따라서 이 책에서는 LPK로보틱스의 Dobot Magician Lite을 활용하여 로봇이란 무엇인지, 어떠한 구조와 기능을 가지고 있으며 어떻게 동작하는지에 대해서 알기 쉽게 이해하고 활용할 수 있도록 설명하였다.

이 책에서 참고한 LPK로보틱스는 2004년에 설립된 산업용 로봇솔루션 전문기업로 지속적인 연구 개발과 축적된 기술을 바탕으로 끊임없이 혁신 및 도전하고 있으며, 디스플레이, 반도체, 이차전지, 자동차 등 첨단 산업을 위한 직교로봇, 리니어 로봇, 정밀 스테이지는 물론 AI협동로봇과 다관절 로봇 등 로봇 솔루션 분야로 사업을 확대하고 있는 로봇솔루션 전문기업이다.

LPK로보틱스의 Dobot Magician Lite을 활용한 책의 구성은 다음과 같다.

제 1장의 '로봇 개요'에서는 로봇의 유래와 종류 그리고 동력 전달장치와 제어 시스템 그리고 로보틱스 등의 내용으로 구성하여 로봇을 처음 접하는 초보자를 위해 기술하였다.

제 2장의 'H/W와 개발 플랫폼'에서는 Magician Lite의 하드웨어 구성과 특징 그리고 매직박스의 구성과 특징에 대해서 기술하였으며, 개발 플랫폼과 개발 환경 구축 방법에 대해서 상세하게 기술하였다.

제 3장의 '블록 코딩과 파이썬 이해'에서는 블록 코딩 특성과 개발 환경 그리고 블록 코딩 설정과 파이썬 함수에 대해서 개념 위주로 기술하였다.

제 4장의 '블록코딩 기반 제어'에서는 로봇 제어블록 이해하기, PTP & Home 제어하기 등 15개의 실습과제로 구성하여 Magician Lite 제어 실습을 할 수 있도록 기술하였다.

제 5장의 '파이썬 기반 제어'에서는 파이썬 개발 환경 이해하기, 로봇 제어문 이해하기 등 파이썬을 활용하여 Magician Lite 제어 실습을 할 수 있도록 14개의 실습과제로 기술하였다.

세심한 노력을 기울여 독자들이 좀 더 쉽게 이해할 수 있도록 최선을 다하여 집필하였으나 그래도 부족한 점이 있다면 지속적으로 연구를 거듭하여 수정·보완할 것을 약속한다.

이 책을 끝내기까지 세심한 관심을 가지고, 많은 배려와 도움을 주신 LPK 심태호 대표와 FM솔루션 오재준 대표, 예담, 예준, 채린, 이안, 지인 그리고 광문각 출판사 직원 여러분들에게 고개 숙여 깊은 감사를 표한다.

저자 씀

목차

제4장 블록코딩 기반 제어

제5장 파이썬 기반 제어

CHAPTER

1

로봇 개요

1_장 로봇 개요

1. 로봇의 어원

로봇(Robot)란 말의 어원은 1922년 체코슬로바키아의 희곡 작가 카렐 챠페크(Karel Capek)의 희곡 《Rossum's Universal Robots》에서 유래되었다. 슬라브어로 'Robota'인데 일꾼(worker)이라는 의미이다. 즉 로봇 어원은 '일을 하는 기구'란 뜻이며, 원하는 작업을 수행하기 위해서 동작 기능을 가지면서 어느 정도의 자율성을 가지고 있는 구동 기계로 정의한다.

희곡의 내용은, 로섬이라는 이름을 가진 아버지와 아들이 인공원형질을 연구하다가 인간의 생김새와 지적 능력이 거의 유사한 인조인간을 개발하기로 한다. 10여 년의 연구 끝에 개발에 성공하는데, 인간의 나태하고 부정적인 사고의 부분을 제외하고 명령만 주면 명령대로 일만 열심히 하는 그런 특성을 가진 인조인간이었다.

인조인간을 대대적으로 선전하고 판매하여 상당한 수량이 판매되어 인간들은 편안한 생활을 영위하게 된다. 하지만 인조인간들은 생긴 것도 똑같고 능력도 같은 인간들은 명령만 내리고 놀고먹는 사실에 대하여 논리적으로 생각하게 되고, 잘못된 사실에 대해 반란을 일으켜 인간을 처단하게 된다는 내용이다.

결국은 과학 문명의 폐해에 대하여 경종을 울리는 주제로서 당시로서는 진보적인 내용이었다.

이후 로봇의 목적은 인간의 행복을 위해 존재하는 것이며, 로봇의 공격성을 우려하여 1941년에 공상과학 소설 작가 아이작 아시모프(Isaac Asimov)는 로봇공학에 대한 3대 원칙(Three Laws of Robotics)을 다음과 같은 내용으로 제안했다.

- **제1원칙:** 로봇은 인간에게 위해를 주어서는 안 된다. 또 인간의 위험을 간과해 버림으로써 인간에 위해가 미치게 해서는 안 된다.
- **제2원칙:** 로봇은 인간의 명령에 따르지 않으면 안 된다. 그러나 그 명령이 제1조에 어긋날 때에는 따르지 않아도 좋다.
- **제3원칙:** 로봇은 제1조와 제2조에 위배하는 염려가 없는 한 자기를 지키지 않으면 안 된다.

나중에 아시모프는 《로봇과 제국》을 쓰면서 네 번째 또는 0번째 원칙을 추가하게 된다. 제 0원칙의 내용은 다음과 같다.

제0원칙 로봇은 인류에게 해를 가하거나 행동을 하지 않음으로써 인류에게 해가 가도록 해서는 안 된다. 그리고 다른 세 원칙도 0번째 원칙을 절대로 위배할 수 없다.

이러한 0부터 3원칙은 공상과학 소설뿐만 아니라 많은 책과 영화 등의 매체에서 언급되었고, 현재 진행 중인 인공지능을 개발하는 데에도 영향을 미치고 있다.

이후 1950년대에 접어들어 인간을 대신하여 위험하고 난해한 작업을 하는 시스템들이 속속 등장하면서 적절한 의미를 갖는 단어를 찾게 되었고, 이때 로봇이라는 용어가 선택되었다.

1) 로봇의 정의

로봇에 대한 정의는 로봇 관련 단체나 학자에 따라 여러 가지가 있으나 표현의 차이는 있을지라도 근본적인 의미에서는 대동소이하다.

(1) 산업용 로봇

다음은 몇몇 단체와 개인이 내린 로봇의 정의, 엄밀하게 이야기하면 산업용 로봇에 대한 정의이다.

① ISO(International Organization for Standardization): "재프로그램이 가능한 자동 위치 조절이 되고 여러 가지 자유도에서 물건, 부품, 도구 등을 취급할 수 있는 다기능 매니퓰레이터로 작용하거나 다양한 임무 수행을 위해 여러 가지 프로그램화된 운동이 고안된 장치로서의 기능을 가진 것이다. 그것은 한 손목에 하나 이상의 암을 가진 모습을 갖추고 있다"로 정의함.

② JIS(Japanese Industrial Standards): "산업 오토메이션 용도로 이용하기 위해 위치를 고정 또는 이동할 수 있고 3축 이상 프로그램 가능하며 자동으로 제어되고 재프로그램 가능한 다용도 매니퓰레이터"라고 정의함.

③ IFR(International Federation of Robotics, 국제로봇연맹, 1987년에 설립된 국제로봇연맹 17개국 19개 기관): 자동 제어 및 재프로그램이 가능하여 다용도로 사용될 수 있으며, 3축 이상의 축을 가진 산업 자동화용 기계로서 바닥이나 모바일 플랫폼에 고정되어 있는 장치임. 참고로 [표 1-1]은 지능형 로봇의 분류 기준이다.

구분	대분류	중분류		종류
지능형 로봇	서비스 로봇	개인용 로봇		애완용 로봇 / 청소 로봇
		전문 로봇	공공 서비스 로봇	의료 로봇 / 안내 로봇 등
			극한 작업 로봇	재난 구조 로봇 / 원전 로봇 등
		산업용 로봇		용접 로봇 / 핸들링 로봇 / 도장 로봇 등

[표 1-1] 지능형 로봇의 분류

④ 산업용 로봇은 가공품들과 공구들 또는 특별한 장치들을 취급하기 위한 자동화, 서보 제어된 그리고 자유롭게 프로그래밍이 가능한 여러 개의 축을 가진 다목적 작동기이다.

⑤ 산업용 로봇은 특정한 생산 활동의 실행을 위하여 여러 가지 프로그램된 동작을 통해 부품들, 공구들 또는 특별한 생산 도구를 다루거나 이동하도록 설계된 재프로그램이 가능한 장치이다.

⑥ 로봇은 여러 종류의 일들의 실행을 위해 프로그램된 동작을 통하여 재료, 부품들, 공구들과 특별한 장치들을 움직이도록 설계된 재프로그램이 가능한 다기능 작동기이다.

⑦ 로봇은 물리적 목적물을 다루기 위해 작업 공간 내에서 프로그램된 동작들을 통해 한 개 또는 그 이상의 엔드 이펙트를 안내하기 위한 변환 검출소자들을 사용하는 소프트웨어로 제어가 가능한 기계 장치이다.

(2) 기본 요소

로봇은 자동화 시스템의 4가지 기본 요소인 메카니즘류, 액츄에이터류, 콘트롤러류, 센서류로 이루어진 전형적인 자동화 시스템이며, 대상물을 취급하기 위해 여러 가지 기계 장치를 프로그램에 의해서 제어하는 다목적 작동기이다.

로봇이 구체화된 사례를 정리하면 다음과 같다.

① 1906년 미국의 전함 버지니어호의 함포 구동에 유압 장치가 처음 사용되었고, 1912년 포드자동차 회사의 '모델 T'의 대량 생산 라인에 과거에 비해 상대적으로 정교하고 자동화된 시스템이 도입되어 제조업의 생산성 향상을 위한 필요성과 열의가 가시화되었다.

② 1954년 미국의 조지 드볼(George Devol)은 프로그램에 의한 자동 물품 이송 장치를 개념 설계하였고, 곧이어 조셉 엥겔버거(Joseph Engelberger)와 함께 오늘날 개념으로 산업용 로봇의 효시라 할 수 있는 시스템을 개발하였다.

③ 1961년 미국의 유니메이션(Unimation)사는 유니메이트(Unimate)라는 이름의 로봇을 포드자

동차 공장의 다이캐스팅 라인에 설치하였으나 이때는 콘트롤러로서 컴퓨터 시스템이 사용되지는 않았다. 이후 많은 산업 현장에서 위험하고 난해한 작업에 로봇이 인간을 대신하여 역할을 증대시켜 왔다.

④ 1974년 최초로 컴퓨터 시스템을 콘트롤러로서 내장한 로봇이 신시내티 밀라크론 T3란 이름으로 등장하였다. 물론 이때 컴퓨터 시스템은 아직 마이크로 컴퓨터가 보편화되지 않았던 때이므로 미니 컴퓨터가 사용되었다.

⑤ 1978년 유니메이션사에서 수직 다관절 로봇인 PUMA(Programmable Universal Machine for Assembly)가 개발되었고, 이어 일본의 야마니시대학에서 전자 부품의 고속 고정도 조립 분야 등에 많이 사용되고 있는 수평 다관절 로봇인 SCARA(Selective Compliance Assembly Robot Arm) 로봇을 개발하였다.

⑥ 2008년 개발된 협동 로봇(Collaborative Robot, Cobot)은 인간과 안전하게 협력하며 작업할 수 있도록 설계된 로봇으로, 덴마크 회사 유니버설 로봇(Universal Robots)에서 최초 개발하였다.

협동 로봇은 안전 펜스를 필요로 하지 않고 작업자와 직접 협력할 수 있는 로봇으로 큰 주목을 받았으며 안전성, 유연성, 쉬운 프로그래밍 그리고 경제성을 특징으로 하는 협동 로봇이라는 개념을 등장시켰다. 이후 UR10, UR3, UR16 등 다양한 모델을 출시하며 협동 로봇 시장에서 선두 자리를 지키고 있다. 설명한 것처럼 협동 로봇(Collaborative Robot, Cobot)은 사람과 안전하게 협업할 수 있도록 설계된 로봇으로, 기존의 산업용 로봇과 달리 안전 펜스나 보호 장치 없이도 사람과 함께 작업할 수 있도록 개발된 로봇이다. [그림 1-1]은 협동 로봇의 예이며, 효율성을 높이고 반복적인 작업이나 무거운 물체의 취급 등에서 인간의 역할을 보조하기 위해 설계되었다. 이러한 협동 로봇의 특장점은 다음과 같다.

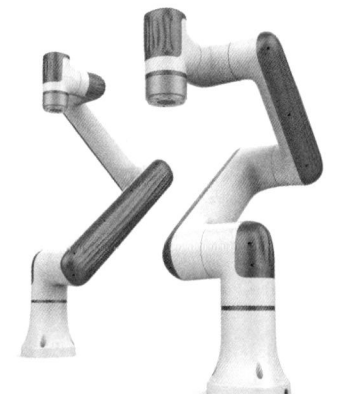

[그림1-1] 협동 로봇

㉠ 사람과 로봇의 협업

협동 로봇은 단순히 작업을 자동화하는 것이 아니라 사람과 협력하여 더 효율적으로 작업을 수행한다.

ⓛ 안전한 동작

센서, 카메라, 소프트웨어를 사용해 사람과의 충돌을 감지하고, 그에 따라 자동으로 동작을 조정하여 안전사고 발생 등을 예방한다.

ⓒ 유연한 작업 수행

다양한 작업 환경에 쉽게 적응할 수 있도록 설계되어 있어 작업 변경이나 새로운 공정에 신속하게 적용 가능하다.

ⓡ 그 외 대부분의 협동 로봇은 사용하기 쉬운 인터페이스와 직관적인 프로그래밍 방식을 제공하며, 특정 작업에 맞게 빠르게 변경할 수 있다. 또한, 일부 협동 로봇은 로봇 팔을 직접 움직여 경로를 설정하는 티칭(Touch and Teach) 기능을 통해 프로그래밍 없이도 간편하게 조작할 수 있다.

ⓜ 저비용 운영

협동 로봇은 기존의 산업용 로봇보다 설치 비용이 낮고, 별도의 안전 펜스나 고가의 시스템이 필요하지 않기 때문에 총비용(TCO, Total Cost of Ownership)이 비교적 낮다. 유지 보수 역시 간편하게 이루어질 수 있다.

ⓗ 주요 응용 분야

협동 로봇은 사람과 함께 복잡한 조립 작업을 처리할 수 있다. 로봇이 무거운 부품을 취급하거나 사람이 어려운 세부 작업을 처리하는 방식으로 협업이 가능하다.

• 물류 및 포장: 창고에서 물품을 적재하고 포장하는 작업에서 널리 사용된다.

반복적이고 정밀한 검사를 수행하는 동안, 사람은 보다 고차원적인 문제 해결 작업에 집중할 수 있다. 의료용 협동 로봇은 수술, 치료 보조, 의료 장비 관리 등의 분야에서 사람과 협력하여 사용된다. 참고로 [표 1-2]는 협동 로봇과 기존 산업용 로봇의 차이를 보여 주고 있다.

특징	협동 로봇	산업 로봇
안전성	사람과 안전하게 협업 가능	안전 펜스나 보호 장치 필요
유연성	쉽게 재프로그램 가능, 작업 전환 쉬움	특정 작업에 고정된 설정 필요
프로그래밍	직관적인 인터페이스, 티칭 기능 제공	전문적인 프로그래밍 필요
비용	설치 및 유지비가 낮음	설치 비용과 유지비가 높음
작업환경	사람과 함께 작업 가능	사람과 분리된 작업 환경 필요

[표 1-2] 협동 로봇과 기존 산업용 로봇의 차이

지금까지 설명한 것과 같이 협동 로봇은 사람과 로봇이 협력하여 작업을 수행할 수 있도록 설계된 로봇으로, 안전성, 유연성, 간편한 프로그래밍, 저비용 등의 특징을 가지고 있다. 이는 반복적이고 부담이 큰 작업에서 사람의 피로를 줄이고, 생산성을 높이며, 작업 환경을 개선할 수 있는 큰 장점으로 작용한다.

⑦ [그림 1-2]와 같이 2015년에는 일본의 혼다가 만든 휴머노이드 로봇 아시모가 공개되었다. 이때 등장한 아시모의 걷기 동작은 수많은 움직임을 제어하고 센서화해야 하는 최첨단 기술의 집성체라고 할 수 있다.

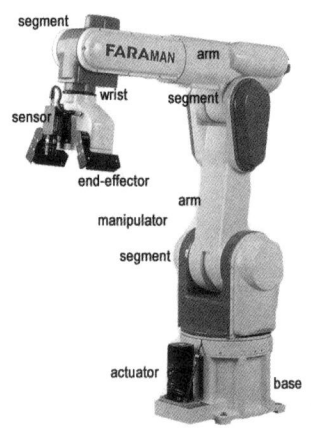

[그림 1-2] 휴머노이드 로봇 아시모

(3) 로봇의 구성

산업용 로봇 구성을 기준으로 사람과 비교하여 설명한다면 다음과 같이 구성할 수 있다. 참고로 [그림 1-3]은 로봇 시스템의 구성 예이다.

① 가장 중요한 사람의 두뇌에 해당하는 제어기(controller)가 있으며, 원격 조정 제어기의 성격을 갖는 티칭 펜던드(teaching pendant)가 일반적으로 부착된다.

② 몇 개의 세그먼트와 암이 모여 구성되어 있으며 사람의 외관에 해당한다고 할 수 있는 매니퓰레이터(manipulator)가 있다.

③ 팔다리에 해당하는 암(arm)과 근육에 해당하는 액추에이터(actuator)가 있으며 일반적으로 각 축마다 한 개씩 있다

④ 손목에 해당하는 뤼스트(wrist), 손에 해당하는 엔드 이펙터(end effector), 여러 가지 인지 지각 기관에 해당하는 센서(sensor)류

[그림 1-3] 로봇 시스템의 구성

⑤ 로봇의 무게 중심을 잡아주는 기저부인 베이스(base)로 구성되어 있다.

⑥ 엔드 이펙터는 작업의 성격에 따라서 여러 가지가 부착되며, 대표적인 것들은 그리퍼(gripper), 용접기(welder), 페인트 노즐(paint nozzle), 글루잉 노즐(gluing nozzle) 등이다. 그리퍼의 동작 용어는 [그림 1-4]와 같다.

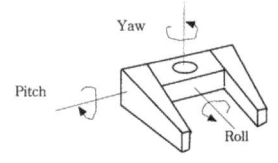

[그림 1-4] 그리퍼(gripper) 동작 용어

2. 로봇의 종류

로봇의 분류는 우선 용도에 따라 산업용 로봇, 의료용 로봇, 군사용 로봇, 연구용 로봇, 가정용 로봇 등으로 분류되나 제조업 등에 사용되는 산업용 로봇을 기준으로 다시 세분하여 분류하기로 한다. 다른 분야의 로봇도 이러한 분류법에 의하여 적용할 수 있다.

1) 분류

산업용 로봇은 기본적인 분류 기준인 구동 방식, 기하학적 작업 궤적, 동작 제어 방법, 기술 수준 등에 따라 다음과 같이 분류된다.

(1) 구동 방식(drive technologies)에 따른 로봇의 분류

① **전기 구동 로봇**(electric-drive robot)

구동 수단으로 전기 서보 모터(servo motors)나 스테핑 모터(stepping motor)를 사용하는 로봇을 말한다.

② **유압 구동 로봇**(hydraulic-drive robot)

구동 수단으로 유압 장치(hydraulic equipments)를 사용하는 로봇을 말한다.

2) 상대적 특성

공압이 사용되는 데 압축 공기의 압축성과 그로 인한 제어의 어려움 때문에 구동 장치보다는 엔드 이펙트, 특히 그리퍼 등에 제한적으로 사용된다. 전기 구동과 유압 구동 방식의 상대적 특징은 [표 1-3]과 같다. 전기 구동 모터에는 AC 서보 모터, DC 서보 모터, 스테핑 모터 등이 있다.

구 분　　　종 류	전기 구동	유압 구동
구 조	간단하다	복잡하다
가 격	저렴하다	고가이다
출 력	소출력이다	대출력이다
청 정 도	깨끗하다	오염이 있다
안 전 성	과부하에 약함	과부하에 강함
응 답 성	보통 (저관성 서보 개발로 양호해 지고 있음)	좋음 (토크-관성비가 크다)

구분 \ 종류	전기 구동	유압 구동
기 타	정확도가 높다	정확도가 높다
	반복성이 좋다	잡음이 있다
	관리에 편하다	유지, 보수가 필요
	설계가 쉽다	설치에 넓은 면적 필요
	저속 구동	고속 구동

[표 1-3] 동력원의 특징

2) 기하학적 작업 궤적에 따른 로봇의 분류

기하학적 작업 궤적, 즉 엔드 이펙터의 작동 궤적에 따라 직각 좌표계(cartesioncoordinate, rectangular-coordinate) 로봇, 원통 좌표계(cylindrical-coordinate) 로봇, 구면 좌표계(spherical-coordinate) 로봇, SCARA(Selective Compliance Assembly Robot Arm) 로봇, 다관절(articulated, revolute, anthropomorphic) 로봇. 이동 로봇 등이 있다.

SCARA 로봇은 수평 다관절 로봇이라 부르기도 하며, 특수한 경우의 원통 좌표계 로봇이다. 아티큐레이티드 로봇은 수직 다관절 로봇이라 부르기도 하며, 특수한 경우의 구면 좌표계 로봇이기도 하다. 또한, 구면 좌표계 로봇을 극 좌표계 로봇이라 부르기도 한다. 참고로 [그림 1-5]는 로봇의 종류를 보여 주고 있다.

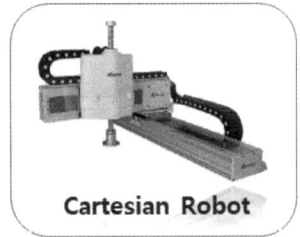 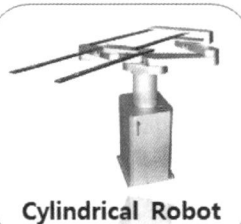 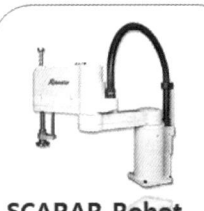 

[그림 1-5] 로봇의 종류

(1) 직각 좌표계 로봇

[그림 1-6]과 같은 직각 좌표계 로봇은 산업용 로봇 중에서 가장 간단한 구조를 갖는 것으로 로봇의 구조적 동작 특성이 직각 좌표계를 이루기 때문에 직교 로봇 또는 XY 로봇이라고도 불린다.

① 직각 좌표계 로봇은 각 축들이 직선 운동만을 하기 때문에 로봇의 작업 영역은 구성하는 자유도의 수에 따라 직선, 직사각형, 직육면체가 된다.

[그림 1-6] 직각 좌표계 로봇

② 직각 좌표계 로봇은 그 구성에 있어 로봇 몸체 부분과 로봇 제어기 부분으로 구성되어 있으며 제어기에는 티칭 펜던트를 달아 로봇을 제어할 수 있다.

③ 로봇의 몸체와 제어기는 로봇에 전원을 공급하는 power cable과 서보 모터의 encoder 및 센서들과 통신을 주고받을 수 있는 signal cable로 연결되어 있다.

④ 로봇의 몸체는 주로 가볍고 강성이 큰 알루미늄 소재로 되어 있으며 제어기는 로봇의 제어(control)를 담당하고 있고, 티칭 펜던트를 사용하여 교시점의 입력, 수정, 삭제 및 프로그래밍을 한다.

⑤ 직각 좌표계 로봇은 직선 운동을 하는 직선축(prismatic joint)으로만 구성되어 있는 로봇이다. 만일 X, Y, Z의 세축으로 구성될 때는 직육면체의 동작 범위(workspace)를 가지는 3축 로봇이 된다.

직선 운동만 필요할 경우에는 세 개의 축 중 하나만으로 구성되는 1축 직교 로봇이 된다. 또한, 2차원 직사각형의 동작 범위가 필요한 경우에는 세 축 중 두 축을 조합하여 2축 직교 로봇을 구성하면 된다.

⑥ 일반적으로 로봇의 베이스로부터 가장 멀리 있는 축의 직선 운동부에 엔드 이펙트를 취부하여 사용하기도 하며, 작업 대상물의 방향을 바꿀 필요가 있을 때는 마지막 직선 운동부에 회전축을 붙여 4축으로 구성하여 사용하기도 한다. [그림 1-7]은 3축 직교 로봇에 회전축을 하나 덧붙인 4축 로봇을 보여 준다.

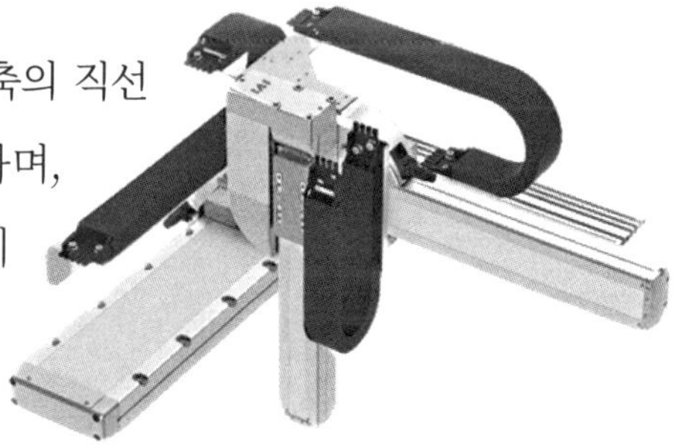

[그림 1-7] 4축 직각 좌표계 로봇

⑦ 직각 좌표계 로봇에서는 모든 기구적 부품들이 장착되는 알루미늄 압출 소재의 베이스 프레임(base frame)과 그 내부에 회전 동력을 발생시키는 액추에이터인 서보 모터, 그리고 회전 운동을 직선 운동으로 변환시켜 주는 볼 스크루(ball screw)가 핵심 구성품이다.

⑧ 로봇의 작동 원리를 살펴보면, 우선 모터가 회전을 할 경우 모터 축과 볼 스크루 사이에 커플링(coupling)을 통하여 동력이 전달되며, 볼 스크루의 회전 운동이 볼 스크루 너트에 전달되어 결국 슬라이더가 직선으로 움직이게 된다. 로봇 사용자들은 이 슬라이드의 취부면에 각종 목적의 엔드 이펙트를 붙여 사용하게 된다.

⑨ 각종 리밋 스위치(limit switch)가 내장되어 있어 기준점을 기준으로 한 변위를 측정함은 물론 최대 동작 범위를 지정해 주게 된다. 아울러 스토퍼(stopper)가 있어 물리적으로 더 이상 진행하지 못하게 구속하는 등 2중, 3중의 안전장치가 붙어 있다.

⑩ 제어기의 제어 정밀도나 신뢰성이 향상됨에 따라 리밋 스위치류, 즉 센서의 필요성이 점점 감소되고 있다. [표 1-4]는 단축 직각 좌표계 로봇의 구성품들의 기능을 보여 준다.

부품명	기능 설명
Servo Motor	직교 로봇의 직선 운동을 일으키는 핵심 동력원으로 위치, 속도 및 힘 제어를 할 수 있는 Servo Motor로 AC(Brushless) Servo나 혹은 DC Servo Motor를 사용한다.
Coupling	Servo Motor와 Ball Screw를 연결하여 회전 동력을 전달하는 매개체로서 Motor Shaft와 Ball Screw 사이의 제한된 편심량을 허용하여 동력을 전달할 수 있다
Ball Screw	모체에 나사 형태의 홈이 있어 Ball Screw의 Shaft를 회전시킬 경우 Ball Screw Nut의 직선 운동을 얻을 수 있다.
LM-Guide	직선 운동을 하는 Linear Guide 역할을 하며, Payload의 하중을 지탱한다
Slide	Ball Screw의 Nut와 LM-Guide의 Block을 연결하여 직선 운동을 가능케 하며 로봇 사용자에게 Mechanical Interface를 제공한다.
Support (1)(2)	Ball Screw의 양단을 고정하고, 로봇의 Base Frame 부에 취부되어 볼 스크류의 안정된 회전 운동을 가능케 한다. 일반적으로 볼스크류와 함께 제공된다.
Support (3)	Servo Motor를 로봇의 Base Frame에 고정할 수 있는 Braket이다.
Base Frame	로봇의 구동부의 부품들이 취부되는 알루미늄 소재의 부품이며, 일반적으로 압출물을 사용한다.
Sensor	로봇의 원점 복귀를 위해 사용되는 센서이며, 또한 하드웨어적 Limit로 사용되기도 한다. 일반적으로 Photo Sensor가 많이 사용된다

[표 1-4] 직각 좌표계 로봇의 구성품의 기능

(2) 특장점

직교 로봇의 특징을 간단히 살펴보면, 먼저 직교 로봇의 장점은 직선 운동을 기본으로 하기 때문에 각 운동 방향으로 운동이 기구학적으로나 동력학적으로 모두 완전히 독립되어 있다는 것이며 특장점을 정리하면 다음과 같다.

① 작업 영역 모든 위치에서 기구학과 동역학이 변하지 않기 때문에 균일한 제어 특성을 가지고 있어 제어가 간단하다.

② 3축 로봇의 경우 기구적으로 3개의 단축이 연결된 것처럼 제어기도 3개의 단축 제어기를 사용한 것과 같다고 볼 수 있다.

③ 동작 범위에의 운동 특성이 균일하게 나타난다. 위치에 따른 반복 정도의 변화가 거의 무시할 만한 수준이다.

④ 인간이 가장 익숙한 좌표계가 직교 좌표계이기 때문에 로봇을 티칭할 때에도 또 응용 시스템을 설계할 때에도 가장 쉽게 적용할 수 있다.

⑤ 서로 기구적으로 독립적인 운동을 하기 때문에 한 축씩 모듈(module)형으로 설계되는 것이 용이하다.

⑥ 일반적으로 제조사에서는 다양한 가반 하중(payload)과 주행거리(stroke)를 갖는 1축(단축)의 로봇을 표준 생산한 후 로봇 사용자들의 요구에 맞도록 1축(단축)의 로봇들을 조립하여 제공하고 있다.

⑦ 그러나 로봇 몸체가 차지하는 공간이 작업 영역에 비해서 관절형의 조인트를 갖는 다른 종류의 로봇들보다 상대적으로 크다는 단점을 갖고 있기도 하다.

(3) 직각 좌표계 로봇의 종류

직교 로봇은 1축(단축)의 module별로 생산되어 필요한 형태로의 로봇으로 조립이 될 수 있어서 여러 가지 형태의 조합형을 만들어 낼 수 있다. 크게 분류하면 1축(단축) 직교 로봇과 2축 이상의 다축 직교 로봇으로 분류할 수 있다.

또한, 이러한 직교 로봇들은 일반 환경에서 사용되는 일반 환경 직교 로봇과 반도체, 디스플레이 등의 제조 공정과 같은 클린룸 환경에서 사용되는 클린룸 직교 로봇으로 구분할 수도 있다.

① 단축 직교 로봇

단축 로봇의 종류는 동력 전달 기구에 따라 다양하지만 현재 가장 많이 사용되고 있는 것은 볼 스크루와 랙 앤드 피니언(rack and pinion)이다.

볼 스크루를 사용한 전형적인 예이다. 볼 스크루를 사용할 때에 베이스 프레임의 전체 길이 중에 모터와 커플링을 합한 길이가 동작 범위에 전혀 기여를 하지 못하는 단점을 보완하여 보다 컴팩트한 사이즈의 단축 로봇으로 만들어진 것들도 있다. 랙 앤드 피니언을 이용한 경우에는 모터가 피니언부에 붙어서 피니언을 돌려 랙을 따라 이동하는데, 볼 스크루에 비해 작업 범위(stroke)가 크거나(2m 이상)와 하중이 크고 속도는 느려도 되는 경우에 주로 사용된다. [그림 1-8]은 볼 스크루를 동력 전달 기구로 하는 단축 직교 로봇의 외형과 조립도를 보여 준다.

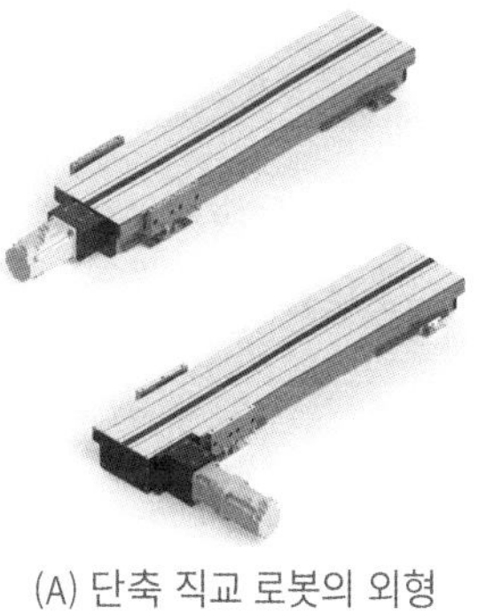

(A) 단축 직교 로봇의 외형

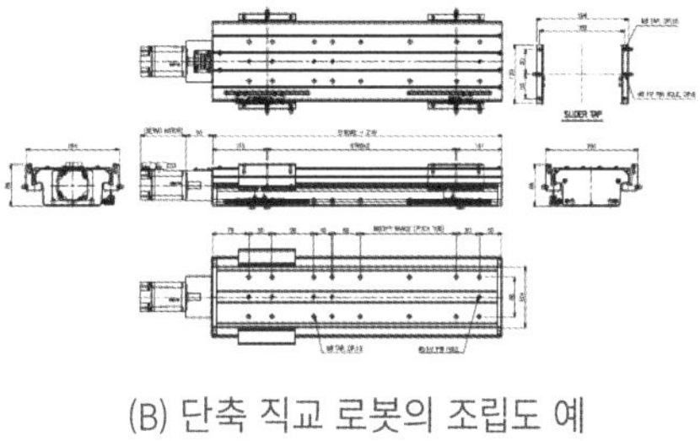

(B) 단축 직교 로봇의 조립도 예

[그림 1-8] 단축 직각 좌표계 로봇의 외형과 조립도

② 다축 직각 좌표계 로봇

다축 직교 로봇은 1축의 직교 로봇을 기본 모듈로 하여 조합하여 구성할 수 있다. 다만, 같은 다축 직교 로봇이라도 [그림1-9]와 같이 어떻게 조합하느냐에 따라 여러 유형이 있을 수 있다. 이는 작업 목적에 따라 적절히 조합하여 사용할 수 있음으로 구성함에 있어 편리하다.

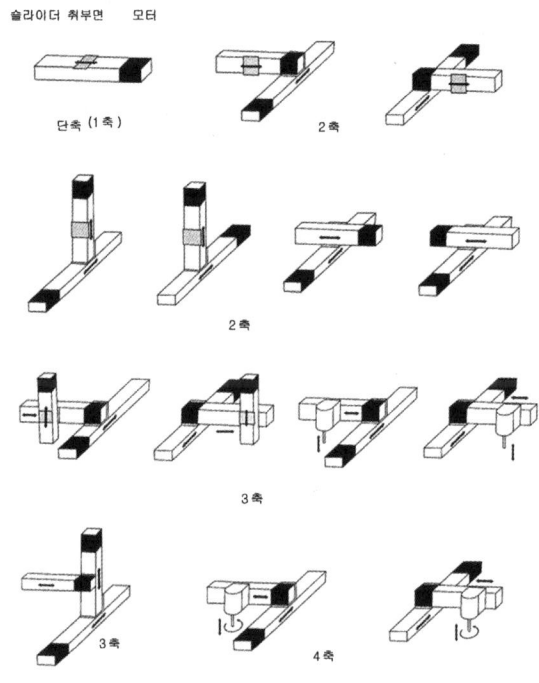

[그림 1-9] 직각 좌표계 로봇의 조합

다음의 [그림 1-10]은 다축(3축) 직각 좌표계 로봇의 구성 예를 보여 준다.

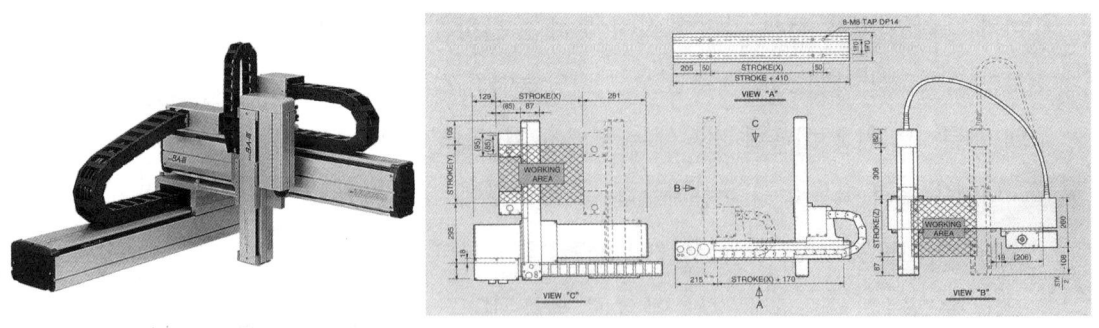

(A) 3축 직교 로봇의 구성   (B) 조립도

[그림 1-10] 다축(3축) 직각 좌표계 로봇의 구성

③ 기타 직각 좌표계 로봇

먼지나 분진 발생에 민감한 반도체, 디스플레이, 식음료 등의 공정 등과 같은 클린룸(clean room) 환경에서 사용되는 직교 로봇을 클린룸 로봇(clean room robot)이라고 부른다. 이러한 종류의 특수 로봇은 일반 환경에서 사용되는 직교 로봇과는 다른 설계 방법이 요구된다. 로봇의 동작 원리는 동일하지만 로봇의 구조면이나 재질의 선정 방법 등에 있어서 일반 직교 로봇과 차이가 있다.

클린 직교 로봇은 청정 환경에 맞는 부품과 재질을 선정하여 분진(particle)의 발생을 억제하여야 하며, 아울러 불가피한 부분을 제외하고는 발생한 분진이 로봇 몸체 외부로 빠져나가지 않도록 밀폐(Sealing) 방법을 이용하여 처리하여야 한다.

직교 로봇은 직선 운동 부위가 많기 때문에 구조적으로 SCARA 등 회전 운동을 많이 하는 다른 타입의 로봇에 비해 상대적으로 밀폐하기가 어려운 편이다.

이외에 직교 로봇 범주에 속하는 로봇으로는 간단한 형태의 공압을 이용한 픽 앤 플레이스(pick and place) 로봇과 수십 미터의 넓은 작업 영역을 커버하고 또 공간의 효율적인 이용을 위해 작업 영역의 위에서 직선 운동을 하도록 만든 갠트리(gantry) 로봇 등이 있다.

(4) 원통 좌표계 로봇

원통 좌표계 로봇은 엔드 이펙트의 동작 범위가 원통 모양을 가지므로 원통 좌표계 로봇이라 하며, 구조는 베이스에 필러(pillar)가 있고 필러에 연결된 암이 상하 운동을 하고 암 자체는 암의 중심축 방향으로 직선 운동을 하며, 암의 선단에 엔드 이펙트가 취부되어 있는 형식이다.

원통 좌표계 로봇은 신뢰성이 상대적으로 높아서 공작 대상물의 로딩과 언로딩에 많이 사용된다. 물론 팔레타이징(palletizing)의 로딩과 언로딩에도 특성이 좋다. 또한, 기계와 기계 사이, 콘베이어의 물품을 입·출력시키는 용도로도 사용된다.

[그림 1-11]과 [그림 1-12]는 원통 좌표계 로봇의 형상과 동작 양태를 보여 준다.

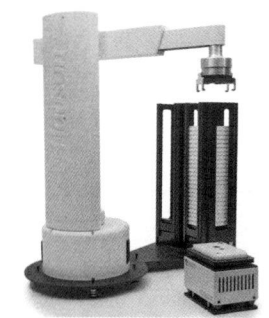
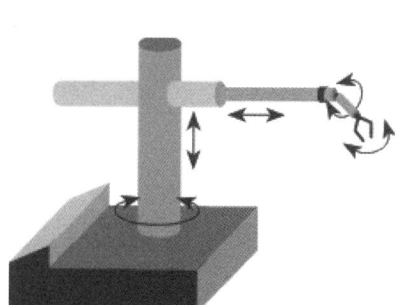
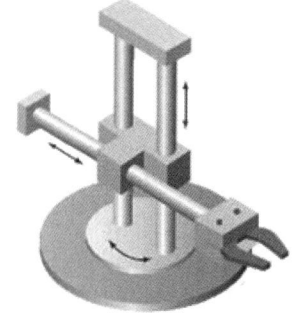

[그림 1-11] 원통 좌표계 로봇의 형상   [그림 1-12] 원통 좌표계 로봇 동작 양태

(5) 극 좌표계 로봇

극 좌표계(spherical-coordinate) 로봇은 산업용 로봇의 최초 방식으로 오늘날에 광범위하게 사용되고 있다. 최초의 실용 산업용 로봇인 유니메이션사의 유니메이트도 이 방식이었다. 다만, 이 로봇이 갖는 높은 강성과 신뢰성에도 불구하고 다관절 로봇에 비해 상대적으로 동작상의 유연성 (flexibility)이 떨어진다. 또한, 들어 직선 운동을 할 때 복합 제어(complex control) 또는 오프라인 제어(off-line)가 요구된다.

이 로봇의 작업 영역은 부분적인 구면 궤적을 갖으며 주로 스포트 용접, 팔레타이징(palletizing), 중량물의 취급에 사용된다. [그림 1-13]은 극 좌표계 로봇의 형상과 동작 양태를 보여 준다.

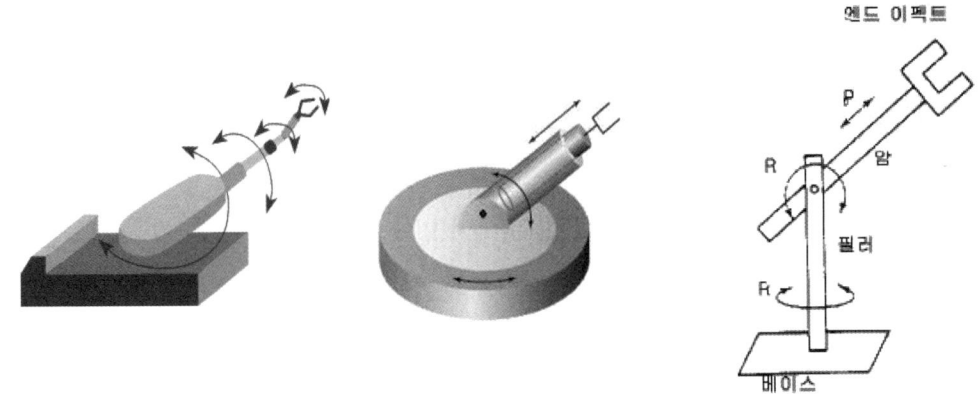

[그림 1-13] 극 좌표계 로봇

(6) 다관절 로봇

다관절(articulated) 로봇은 회전(revolute) 로봇, 인간 유사(anthropomorphic) 로봇, 수평축 암 결합(jointed-arm horizontal-axes) 로봇 등으로 불리며, 국내에서는 SCARA 로봇과 상대적인 의미로 수직 다관절 로봇으로 불리기도 한다.

① 지면에 수직으로 서 있는 회전 허리(waist)에 2~3개의 암이 수평축으로 연결되어 있다.

② 인간의 팔과 가장 많이 닮은 형상을 하고 있으며, 동작도 유사하다. 그러므로 엔드 이펙트의 동작도 가장 다양하게 구현할 수 있어 여러 가지 작업에 사용되고 있다.

③ 도색(paint spraying), 씸 용접(seam welding), 점 용접(spot welding), 접착 작업(gluing), 조립 (assembly), 중량물 취급(heavy materials handling) 등이다.

④ 로봇에서 직선 운동을 하기 위해서는 여러 개의 축들이 동시에 움직여야 하므로 극 좌표계 로봇에서와 마찬가지로 복합 제어 프로그램이 필요하다.

[그림 1-14]는 다관절 로봇의 형상을 보여 준다. 로봇 제조 업체에서는 기본적으로 엔드 이펙트를 부착할 수 있는 브라켓까지 제조하고 구매자의 작업 종류에 따라 엔드 이펙트를 옵션으로 부착하거나 구매 후 필요한 엔드 이펙트를 별도로 부착하게 된다.

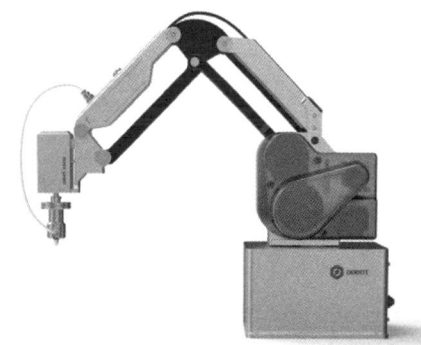

[그림 1-14] 다관절 로봇의 형상

다관절 로봇은 극 좌표계 로봇의 특수한 경우라고 말할 수 있다. 과거 제어 기술이 발달되기 전만해도 오늘날과 같은 여러 개의 축을 가진 로봇이 출현하지 못하였으나 서보 제어 기술의 발달로 9축 이상의 로봇까지 출현하고 있다. [그림 1-15]는 다관절 로봇의 동작 양태를 보여 준다.

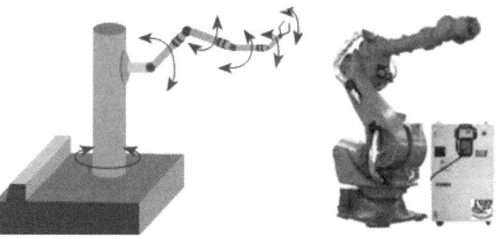

[그림 1-15] 동작 양태

일반적으로 로봇의 축에는 반드시 1개의 액추에이터가 필요하며 제어의 용이성을 위해 1개의 축은 1자유도(Degrees of Freedom: DOF)를 가져야 한다.

인간의 신체 중에는 동시에 2자유도 이상을 갖는 부분도 있으나 로봇에서는 아직 제어상의 어려움으로 인해 1축 1자유도가 일반적이다.

　다관절 로봇은 다양한 작업에 유용한 작업 범위를 갖는다. 작업 범위뿐만 아니라 엔드 이펙트의 운동이 매우 유연하여 인간이 해야 할 여러 작업에 인간을 대신하여 사용되고 있다. [그림 1-16]은 다관절 로봇의 작업 범위의 예를 보여 준다.

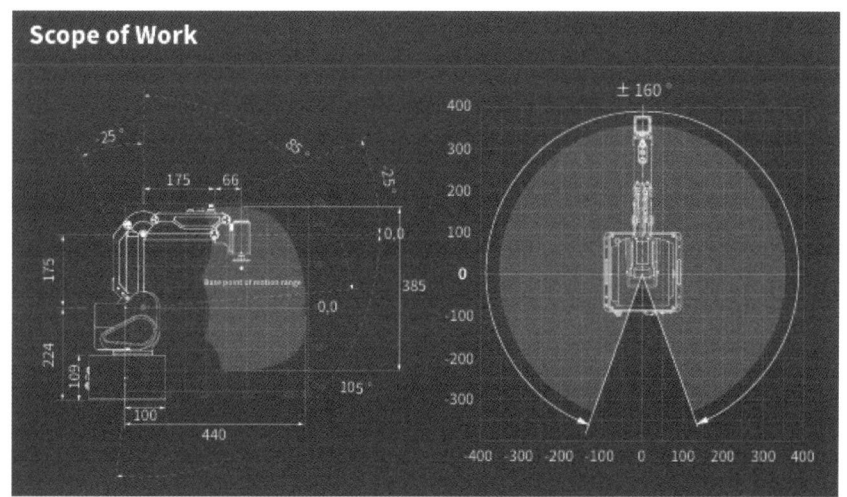

[그림 1-16] 다관절 로봇의 작업 범위 예

(7) 스카라 로봇

스카라(SCARA: Selective Compliance Assembly Robot Arm, 선택적 유연 조립 로봇 팔) 로봇은 다관절 로봇과 달리 조인트 부분의 축 중심선이 지면에 수직으로 되어 있어 수직축 암 결합(jointed-arm vertical-axis) 로봇 또는 암들의 동작이 수평으로 이루어져 수평 다관절 로봇이라 부르기도 한다.

주로 전자품 조립에 사용하며 1979년 일본의 야마니시대학에서 최초로 개발하였으며, 직교 로봇에 비해 설치 면적에 대한 동작 범위가 크고 동작 속도가 빠르다는 특징을 갖고 있다.

① 스카라 로봇에 사용되는 모터는 대부분 AC 서보 모터이며 인코더는 앱솔루트 인코더 (absolute encoder)를 많이 사용한다.

② 이것은 DC 서보 모터와는 달리 브러시(brush)의 교환이 없어 유지 관리가 편하고 모터 구동에 따른 분진의 발생이 적어 전자품 조립 현장의 특성에 유리하기 때문이다.

③ 전원이 끊어졌을 때 원점 복귀를 할 필요가 없게 하기 위해서 앱솔루트 인코더를 보편적으로 사용한다. [그림1-17]은 스카라 로봇의 형상과 동작 양태를 보여 준다.

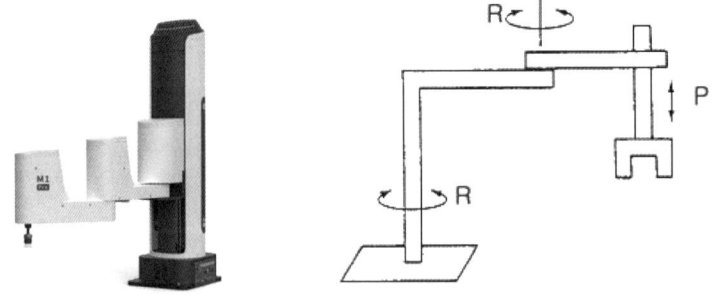

[그림 1-17] 스카라 로봇의 형상과 동작 양태

④ 그림에서 축(axis) 1, 2, 3은 로봇 손목(wrist) 부분의 위치(position)에 관련되는 것이고, 축 4 는 엔드 이펙트의 방향(orient)에 관련된 것이다.

⑤ 회전축은 직선축에 비하여 더 유연하고 몸통이 차지하는 공간이 작업 영역의 크기에 비해 작다. 더 유연하다는 것은 외부 하중에 견디는 힘이 더 적다는 것을 의미한다.

⑥ 스카라 로봇은 그 움직임이 다관절 로봇에 비하여 빠르지만 위치 정밀도는 더 나쁠 수 있다. 전자 부품들의 조립에서는 보통 4자유도로 그 작업이 이루어지기 때문에 4축 스카라 로봇 으로 충분히 원하는 작업을 할 수 있다.

⑦ 스카라 로봇뿐만 아니라 여타 로봇에서의 축들은 각기 목적하는 바가 다르다. 통상 3가지의 목적이 있을 수 있으며 첫 번째는 위치, 두 번째는 방향, 세 번째는 기준외 장애물 회피(avoid obstacles)를 말한다.

⑧ 위치용 축을 주요 축(major axes)이라 하고 방향용 축을 부가 축(minor axes), 장애물 회피용 축을 기타 축(redundant axes)이라 한다. 다만, 어느 로봇이든 이 3가지 성격을 갖는 축들을 다 필요로 하지는 않는다.

⑨ [그림 1-17]에서 축 1, 축 2는 로봇 손목의 XY 평면상의 위치 결정을, 축 3은 로봇 손목의 Z방향의 위치(상하) 결정을 하게 되고, 축 4는 엔드 이펙트의 방향(회전)을 결정하게 된다.

⑩ 축 1과 축 2는 회전축으로서 모터에 하모닉 드라이브(Harmonic drive) 등의 감속기를 부착해서 암을 회전시키며, 축 3은 볼 스크루(ball screw)를 이용하여 상하 직선 운동을 하게 된다. 축 4의 회전축은 상하 운동을 하는 볼 스크루와 볼 스플라인(ball spline)을 회전시키게 된다. 최근엔 볼 스크루와 볼 스플라인 일체형이 개발되어 대부분의 스카라 로봇에서 채용되고 있다.

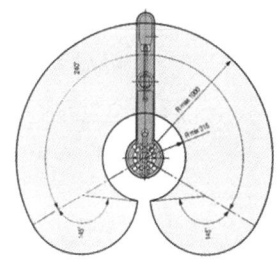

⑪ 스카라 로봇의 작업 영역(workspce)은 짧으며 가운데가 빈 원통형이 된다. 그러므로 스카라 로봇은 원통 좌표계 로봇의 특별한 경우라 할 수 있다. [그림 1-18]은 스카라 로봇의 동작 범위를 보여 준다.

[그림 1-18] 스카라 로봇의 동작 범위

(8) 스카라 로봇의 종류

스카라 로봇의 종류는 싱글 암(single arm)과 듀얼 암(dual arm) 그리고 일반 환경용과 청정 (clean) 환경용이 있으며, 또한 동작 영역(작업 영역)과 가반 하중(payload)의 크기에 따라 몇 가지로 구분하기도 하지만 큰 의미는 없다.

① 싱글 암은 말 그대로 1축에 의해 구동되는 암이 하나인 스카라 로봇을 말하며, 듀얼 암은 1축의 성격을 갖는 암이 2개인 로봇을 말한다. [그림 1-19]는 듀얼 암 로봇의 예를 보여 준다.

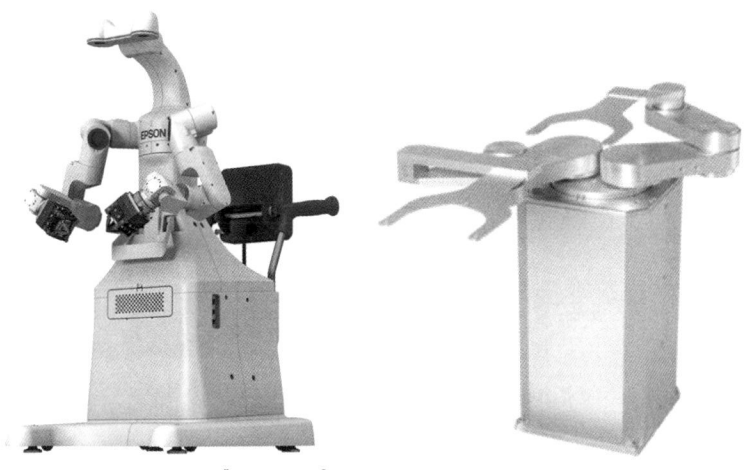

[그림 1-19] 듀얼 암 로봇의 예

② 일반 환경용과 청정 환경용의 구분은 분진이나 입자(particle), 즉 로봇 내부로부터 발생되는 오염 물질이 로봇 외부로 유출되지 못하도록 하는 밀폐 처리의 유무로 한다. 일반적으로 회전축이 직선축에 비하여 밀폐 처리하기가 용이하다.

③ 스카라 로봇의 직선축은 비교적 스트로크가 짧아 벨로우즈(bellows) 등으로 용이하게 밀폐 처리가 가능하나 스트로크가 길어지면 어려워지기 때문에 입자의 유출이 다소 되더라도 작업 대상물에 미치는 영향을 줄이기 위하여 직선축인 축 3을 베이스로 내장시키기도 한다.

④ 스카라 로봇의 티칭(teaching) 방법에는 다음과 같이 크게 3가지 방법이 있다,

　㉠ 티칭 펜던트나 컴퓨터 등에서 엔드 이펙터를 목적 위치까지 이동시키는 원격 교시(remote teaching) 방법

　㉡ 서보 오프(se-rvo off) 상태에서 링크를 손으로 직접 움직여 목적 위치로 이동시키는 직접 교시(di-rect teaching)

　㉢ 프로그래밍 장치의 수치 키를 사용하여 좌푯값을 입력하는 수동 데이터 교시(manual dater teaching) 등의 3가지가 있다.

(9) 이동 로봇(Mobile Robot)

① 바퀴형 로봇(Wheeled Robot)은 설계 및 이동이 쉽고 평면 이동이 효과적이다.

② 이족 로봇(Biped Robot)은 홍보용으로 많이 이용된다. 전기 자동차 회사를 중심으로 생산라인에 시범적으로 적용되고 있는 추세이다.

③ 다족 로봇(Multi-legged Robot)은 생체 모방(Bio-mimic) 연구 분야와 험준한 산악지대 등의 이동이 가능하다. 군용으로 개발 및 적용되고 있는 추세이다.

④ 트랙 로봇(Tracked or Crawler Robot)은 무한궤도 형태의 트랙을 장착함, 가벼운 가반 중량을 가짐, 계단 및 비탈길 등을 등판할 수 있는 장점이 있다.

[그림 1-20]은 이동 로봇의 종류를 보여 주고 있다.

Wheeled Robot

Biped Robot

Multi-legged Robot

Tracked or Crawler Robot

[그림 1-20] 이동 로봇의 종류

(9) 기타 분류

지금까지 설명한 로봇 분류 기준 외 동작 제어 방법(motion control methode)에 의한 것이 있을 수 있다.

① 대표적인 방식으로는 주로 점 용접(spot welding), 픽 앤 플레이스(pick & place), 로딩 앤 언로딩(loading & unloading) 등에 사용하는 동작 제어 방법인 점대점 방식(point to point type)이 있으며 보통 PTP 제어 방식이라 한다.

② 도색(spray painting), 전기 용접(arc welding), 접착 작업(gluing) 등에 사용하는 연속 경로 방식(continuous path type)이 있는데 CP 제어 방식이라 부른다.

점대점 방식은 목적하는 점을 중요시하는 제어법이고 연속 경로 방식은 경로를 중요시하는 제어법이다.

③ 그리고 제휴 경로 방식(coordinated path type)이 있는데 PTP 제어 방식과 CP 제어 방식의 혼합형을 말한다.

3. 동력 전달 장치

로봇의 동력 전달 장치는 현재 일반 기계류의 동력 전달 장치 대부분이 응용 대상이 된다. 로봇 암 조인트(robot arm joints), 손목 조인트(wrist joints) 또는 그리퍼(gripper)의 동작을 위한 것이다.

일반적으로 로봇 시스템의 동력 전달 장치는 각종 기어(gear)류, 볼 앤 롤러 스크루(ball & roller screws)와 스크루 너트 시스템(screw-nut system), 톱니형 브이 벨트(cogged vee belt)와 타이밍 벨트(timing belt)와 롤러 체인(roller chain)을 이용하는 풀리 구동(pulley drives), 각종 베어링(bearings), 각종 전기 브레이크(electric failsafe brake) 그리고 특수 동력 전달 장치로서 감속기의 역할을 하는 하모닉 드라이브(Harmonic drives)와 사이클로이달 스피드 리듀서(cycloidal speed reducer) 등이 있다.

여기서는 로봇 시스템에 폭넓게 사용되는 하모닉 드라이브와 사이클로이달 스피드 리듀서에 관하여 설명한다.

1) 하모닉 드라이브

하모닉 드라이브의 이론적 기초는 하모닉 기어 열(harmonic gear train) 메커니즘에 있으며, 하모닉 드라이브란 말은 주식회사 하모닉 드라이브의 상품명이다.

미국의 아폴로 달 탐사 장비의 하나인 루나 로버(Lunar Rover: 달 표면 탐사 로봇)의 바퀴 구동에 적용될 정도로 구조가 간단하면서도 콤팩트한 크기 그리고 경량이어서 로봇 시스템에 사용하기에 적합하다.

1단만 적용할 때에도 320:1의 높은 감속비를 얻을 수 있을 뿐 아니라 높은 출력 토크를 얻을 수 있고 강성이 보장된다. 특히 로봇의 서보 모터 축에 직접 연결하여 사용하므로 공간상 유리하다.

(1) 하모닉 드라이브의 주요 부분
① 웨이브 제네레이터(wave generator)
타원형 캠의 외주 면에 볼 베어링을 결합시킨 것으로 내륜은 캠에 고정되어 있고 외륜은 볼을 매개로 탄성 변형을 하며 일반적으로 입력 축에 연결된다.
② 서큘러 스플라인(circular spline)
강체의 환형으로 내면에 이가 새겨져 있으며 잇수는 플렉 스플라인보다 2개 많고 일반적으로 몸체에 고정되어 있다.
③ 플렉 스플라인(flex spline)
얇은 컵 형상의 금속 탄성체 부품으로 외면에 이가 새겨져 있으며 컵의 막혀 있는 부분을 다이어 프렘이라 부르는데, 일반적으로 출력축에 연결된다.

(2) 하모닉 드라이브의 동작 원리
하모닉 드라이브는 [그림 1-21]에서 보여 주고 있다.

① 그림에서 (a)는 웨이브 제네레이터, (b)는 써큘러 스플라인, (c)는 플렉 스플라인이다

② 웨이브 제네레이터가 시계 방향으로 1회전하면 플렉 스플라인은 상대적으로 잇수 2만큼 시계 반대 방향으로 후퇴하게 된다.

③ (b)와 (c)의 잇수에 따라 감속비가 결정된다.

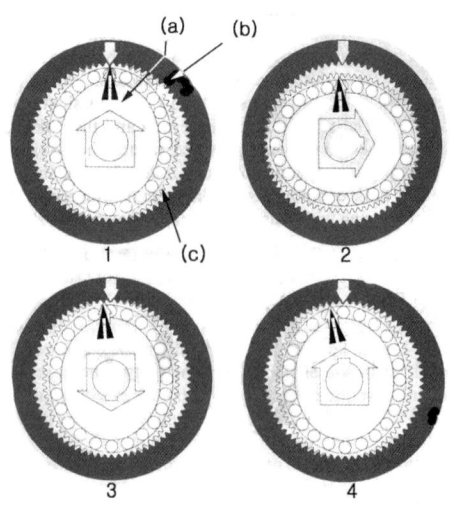

[그림 1-21] 하모닉 드라이브의 동작 원리

2) 사이클로이달 스피드 리듀서

사이클로이달 스피드 리듀서(Cycloidal Speed Reducer)는 하모닉 드라이브보다 10배 전후의 큰 동력을 전달할 수 있는 감속기를 말하며, 고유한 사이클로이드 메커니즘을 활용하여 동력을 전달하는 감속기를 말한다.

(1) 특장점

사이클로이달 스피드 리듀서(Cycloidal Speed Reducer)는 효율성과 내구성을 제공하며, 다양한 산업 분야에서 널리 사용되고 있다. 주요 특징을 보면 다음과 같다.

① 고효율 및 높은 감속비: 1단에서 최대 100:1 이상의 감속비를 구현할 수 있으며, 다단 조합을 통해 수백억 분의 1까지 감속이 가능하다.

② 사이클로이드 디스크의 원만한 곡선 설계로 인해 톱니 파손 없이 원활한 구름 접촉이 가능하며, 이는 서비스 수명이 길고 내구성이 높은 리듀서를 구현한다.

③ 소형 및 경량화: 구조적으로 견고하면서도 소형화와 경량화를 실현하여 공간 절약과 효율적인 설계를 가능하게 한다.

④ 작동 원리는 입력축의 회전은 편심체를 통해 사이클로이드 디스크에 전달되며, 디스크의 회전 운동이 출력축의 핀을 통해 감속된 비율로 출력된다. 이러한 메커니즘은 높은 감속비와 부드러운 동력 전달을 가능하게 한다.

(2) 활용 분야

비교적 높은 정밀도와 부드러운 동작이 요구되는 현장에 적용되고 있는 로봇의 관절 부위에 주로 사용된다.

① 컨베이어 시스템, 포장 기계 등 다양한 자동화 장비에서 활용됩니다.

② 정밀한 움직임이 필요한 의료 장비에도 적용된다.

③ 사이클로이드 디스크(cycloid disk), 편심축(eccentric shaft) 등으로 구성되며 [그림 1-22]은 그 구조를, [그림 1-23]은 실체 단면을 보여 준다.

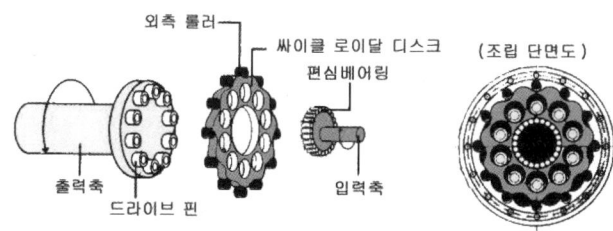

[그림 1-22] 사이클로이달 스피드 리듀서의 구조

[그림 1-23] 사이클로이달 스피드 리듀서

지금까지 설명한 것과 같이 로봇은 특별한 구성을 갖는 것이 아니며 일반적인 기계류와 유사한 측면을 갖는다는 것을 알 수 있다. 다만, 로봇의 특성상보다 정확한 위치로 엔드 이펙트를 제어하기 위해서는 회전 관성을 최소화시켜야 할 필요성이 있으므로 메커니즘 구성 시에 여러 가지 측면을 고려해야 된다. 참고로 [그림 1-24]는 로봇의 동력 전달 장치의 예이다.

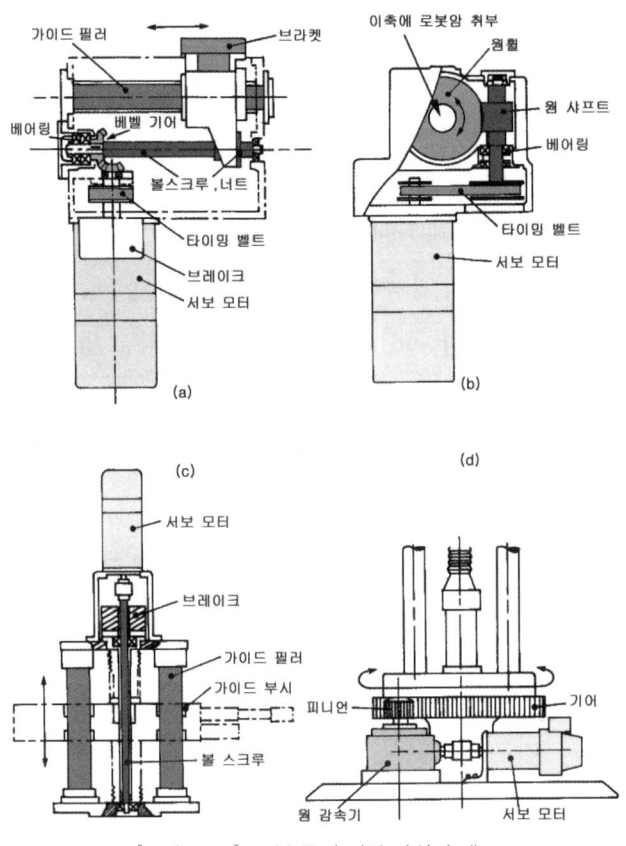

[그림 1-24] 로봇 동력 전달 장치의 예

4. 로봇 제어 시스템

로봇 제어 시스템은 하드웨어와 소프트웨어를 포함하여 여러 가지 요소로 구성된다.

1) 구성 요소
각각의 구성 요소는 고유한 역할을 할 수 있도록 구성된다.

(1) 대표적인 구성 요소

센서, 액추에이터. 컨트롤러, 제어 알고리즘으로 정리할 수 있으며 각각의 역할은 다음과 같다.

① 센서의 역할은 환경 정보를 수집하여 로봇의 위치, 속도, 가속도 등을 측정하며 카메라, 라이다(LiDAR), 초음파 센서, 힘/토크 센서, IMU(관성 측정 장치).

② 액추에이터의 역할은 모터(DC, 서보, 스테퍼), 유압/공압 장치 등 로봇의 물리적 움직임을 생성하는 역할을 한다.

③ 컨트롤러의 역할은 센서 데이터를 기반으로 액추에이터를 제어하며 목표 동작을 실현한다. 구성은 마이크로 컨트롤러, 임베디드 컴퓨터 등으로 구성되어 있다.

④ 제어 알고리즘의 역할은 로봇이 안정적으로 움직이고 작업을 정확히 수행하도록 설계하는 데 있다. 유형에 대해서 살펴보면 다음과 같이 정리할 수 있다.

    ㉠ PID 제어: 비례, 적분, 미분을 이용한 기본 제어 방식.

    ㉡ 모델 기반 제어: 동역학 모델을 사용한 정밀 제어.

    ㉢ 적응 제어: 환경 변화에 대응하여 스스로 파라미터를 조정.

    ㉣ 강화학습 기반 제어: 인공지능(AI)을 활용한 자율 학습 제어.

    ㉤ 통신 시스템: 센서, 컨트롤러, 액추에이터 간 데이터 전송.

    ㉥ 프로토콜: CAN, EtherCAT, Modbus, ROS 기반 통신.

(2) 장치와 신호

로봇 시스템 시스템에 적용되는 장치와 입출력은 다음과 같이 정리할 수 있다.

① 로봇 제어 시스템에 적용되는 데이터 저장 장치는 로봇 운영 시스템 소프트웨어, 초기 실행 과정 관련 및 오퍼레이팅 언어를 저장하게 된다.

② 제어 장치는 또한 로봇 팔에 내장된 변위, 속도 센서 그리고, 시각 비전 시스템과 같은 로봇 외장 시스템이나 컨베이어 동작, 정지 신호들과 같은 외부 공정 센서들로부터 입력 신호를 받을 수 있다.

③ 제어 장치는 로봇 작업 영역 내의 다양한 동작 제어에 사용되는 프로그래밍이 가능한 제어기들(programmable controllers)로부터의 신호들이 종종 입력되기도 한다.

④ 제어 장치로부터의 출력은 시각 표시 장치들(visual display units), 프린터 및 감독 컴퓨터가 있을 경우에는 감독 컴퓨터와 대화하는 형태로 이루어진다.

⑤ 대화들은 스테터스 상태(status statements: 컴퓨터나 주변 장치가 현재 동작 중이거나 최근에 일어난 상

황을 보고하는 것으로 일반적으로 플래그레지스터의 각 비트에 어떠한 의미를 주어 그의 0 또는 1의 값으로 상태를 나타내는 상태), 고장 진단(fault diagnosis)의 형태를 취하거나 또는 완료 작업 번호, 외부 센서들로 부터의 정보 같은 보다 진전된 분석을 위한 데이터의 형태를 갖는다.

⑥ 제어 장치는 또한 로봇 액추에이터들을 위한 제어 기기들에 대하여 적절한 명령 신호들을 내보내야만 한다. 제어 장치 내에서 입력 신호들은 제어 컴퓨터 하드웨어와 데이터 처리 장치들과 호환성을 가져야만 하며, 컴퓨터 시스템으로부터 출력되는 신호들은 제어 기기나 주변 기기에 맞도록 증폭되고 조건화되어야 한다.

⑦ 이러한 일들은 전기 서보 모터의 전원 공급을 제어하는 인터페이스 하드웨어 등과 같이 아날로그를 디지털로 그리고 디지털을 아날로그로 구체화하고 신호를 조건화하고 신호를 증폭하는 것들을 말한다. [그림 1-25]는 로봇의 제어 시스템을 보여 준다.

[그림 1-25]는 생산 현장의 공정과 연계된 제어 시스템을 보여 주고 있으며 순수 로봇의 제어 시스템은 [그림 1-26]과 같다. 작업 명령이 주어지면 주 컴퓨터로부터 각각의 축을 제어하는 제어기에서 디지털/아날로그 변환기를 통해 동작 신호가 주어지며 증폭된 신호를 액추에이터가 받아 동작하게 된다.

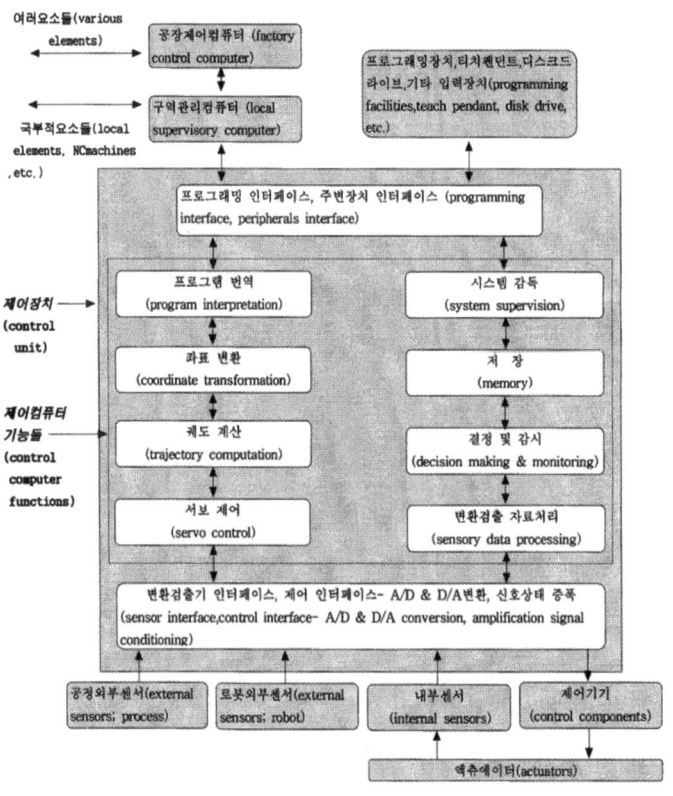

[그림 1-25] 로봇의 제어 시스템

이때 속도와 변위가 피드백되어 원래의 명령과 비교, 확인된다. [그림 1-26]은 1개의 축을 제어하는 제어 시스템을 보여 준다.

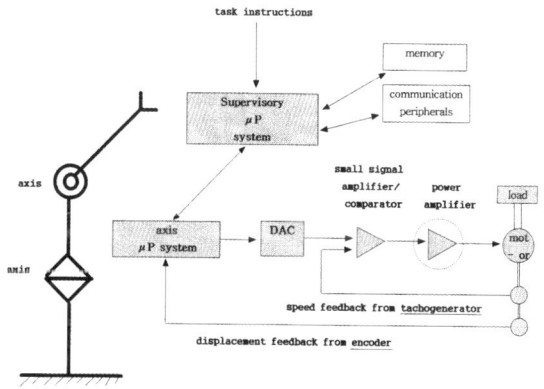

[그림 1-26] 로봇 축의 액추에이터 제어 시스템

2) 로봇의 심벌(symbol) 및 사양(specification)

(1) 로봇의 심벌(symbol)

로봇을 표현할 때 구체적으로 외관을 다 나타내지 않고 기호로 나타냄으로써 간단히 표현할 수 있다. 기본적으로 알아야 할 사항이므로 간단히 설명한다. 각 기호는 특별한 의미를 갖는 것은 아니고, 각 요소를 알기 쉽게 간략히 표현한 것이다.

① [그림 1-27]은 로봇의 관절 형식의 기호와 주요 축의 동작 기호 및 로봇의 주요 구성요소의 기호를 보여 준다.

② 그림(b)의 주요 축이란 베이스에 가까운 축으로부터 축 1, 축 2, 축 3을 의미한다.

Type	Notation	Symbol	Description
Revolute	R		Rotary motion about an axis
Prismatic	P		Linear motion along an axis

(a) 로봇 관절 타입

Robot	Axis1	Axis2	Axis3	Total revolute
Cartesian	P	P	P	0
Cylindrical	R	P	P	1
Spherical	R	R	P	2
SCARA	R	R	P	2
Articulated	R	R	R	3

(b) 주요축의 동작

Robot	Axis1	Axis2	Axis3	Total revolute
Cartesian	P	P	P	0
Cylindrical	R	P	P	1
Spherical	R	R	P	2
SCARA	R	R	P	2
Articulated	R	R	R	3

(c) 로봇 구성요소 기호

[그림 1-27] 로봇 관련 기호

(2) 로봇의 사양(specification)

로봇 관련 업무 담당자는 로봇의 각종 사양에 대하여 해당 제조업체와 협의할 경우가 있다. 따라서 로봇 제조업체 종사자도 로봇의 사양은 필수적으로 숙지해야 한다.

① **로봇 타입**

일반적으로 직각(직교) 좌표계 로봇, 원통 좌표계 로봇, 극 좌표계 로봇, 수직 다관절 로봇, 스카라 로봇(수평 다관절 로봇)이 가장 많이 통용된다.

② **가반 하중**

페이로드(payload)라고도 하며 어떤 로봇의 가반 하중이 30kg이라고 할 경우 해당 로봇이 감당할 수 있는 대상물의 하중이라고 잘못 이해하는 경우가 있다.

가반 하중에는 반드시 엔드 이펙트의 하중이 포함된 것이므로 만일 작업 대상물의 하중이 30kg이고 그 대상물을 핸들링하는 그리퍼의 하중이 2kg이라 하면 최소 32kg의 가반 하중을 갖는 로봇이 선정되어야 한다.

③ **반복 정밀도(repeatability)**

로봇의 반복 정밀도는 로봇의 정밀도(accuracy)와는 또 다른 개념이다. 정밀도가 공간상의 주어진 목표 지점에 얼마나 가깝게 갈 수 있느냐를 반복 측정한 평균값이라면, 반복 정밀도는 한번 교시(teaching)하여 왕복 운동 후 얼마나 정확히 정해진 위치에 도달하는가를 반복 측정한 값이다. 로봇에서 중요한 것은 바로 반복 정밀도이다.

④ **분해능(resolution)**

로봇이 움직일 수 있는 최소 단위의 거리를 로봇에서는 분해능이라 한다. 이는 사용하는 서보 모터의 분해능(1회전당 몇 펄스)과 볼 스크루의 리드(lead: 나사 1회전 시 전진 또는 후진하는 거리)에 의해 결정된다.

⑤ **최대 속도(max. speed)**

로봇 엔드 이펙트가 구현할 수 있는 최대 합성 속도를 말하며 로봇의 작업 tact time 결정에 영향을 미친다. 절대로 최대 속도가 빠르다고 좋다고는 할 수 없지만, 대상 작업에서 요구하는 최대 속도보다는 빠른 최대 속도를 갖는 로봇이 필요하다.

⑥ **스트로크(stroke)와 리치(reach)**

로봇에서 스트로크와 리치는 매우 유사한 것으로 이해될 수 있지만 명확히 그 의미를 달리한다. [그림 1-28]은 원통 좌표계 로봇의 스트로크와 리치의 차이점을 보여 주고 있다.

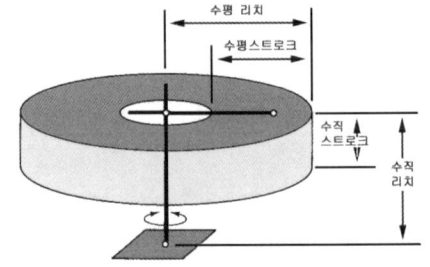

[그림 1-28] 로봇의 스트로크와 리치

통상 스트로크는 유효 작업 공간을 나타내고 리치는 로봇의 설치 공간 및 안전 구역 판단에 의미를 갖는다.

5. 로보틱스

로봇공학(Robotics, 로봇학)은 로봇에 관한 과학이자 기술학으로, 컴퓨터 과학과 컴퓨터 공학의 접점(interface)에서 이루어지는 여러 학문이 종합되는 연구 및 활용 영역이다.

로봇공학자는 로봇을 설계, 제조를 하거나 응용 분야를 다루는 일을 한다. 따라서 로봇공학은 전기전자공학, 역학, 소프트웨어 기계공학 등 관련 학문의 복합적인 지식을 필요로 하며, 여러 유관 분야의 다양한 종류의 지식과 정보가 필요하다.

1) 용어와 개념

로봇 공학자가 만들 수 있는 로봇의 종류로는 여러 가지가 있다. 예를 들면 의료 로봇이나 생활 로봇, 탐험 로봇, 구조 로봇 등을 손꼽을 수 있다. 물론 조사해 보면 훨씬 더 많은 종류의 로봇들이 있다는 것을 알 수 있으며, 이렇게 다양한 로봇에 대한 이해를 높이기 위해서는 관련되는 용어와 개념들을 알아야 한다.

(1) 로봇 좌표계

① 매니퓰레이터(Manipulator)는 공간상에서 공구 또는 부품을 어떤 종류의 기구를 이용하여 옮기는 것을 말한다. 따라서 부품 또는 기구 자체의 위치와 방위를 표시할 필요가 있다. [그림 1-29] 로봇의 좌표계를 보여 주고 있다.

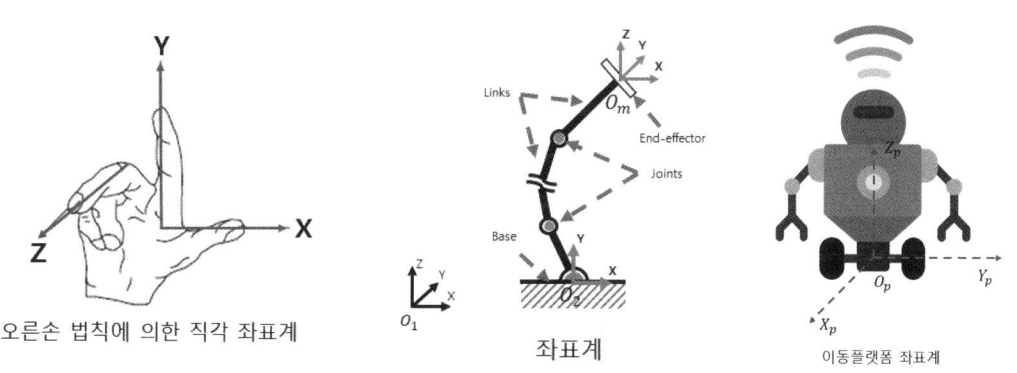

오른손 법칙에 의한 직각 좌표계   좌표계   이동플랫폼 좌표계

[그림 1-29] 로봇의 좌표계

ㄱ 월드 좌표계(World Coordinate System)는 로봇 동작과 무관한 곳에 위치한 고정 좌표계, 절대 좌표계가 있다.

ㄴ 기저 좌표계(Base Coordinate System)는 로봇 베이스 설치 표면을 기준으로 하는 좌표계를 말한다.

ㄷ 기계 접속 좌표계(Mechanical Interface Coordinate System)는 로봇의 선단에 위치한 기계 접속 면에 기준으로 한 좌표계를 말한다.

ㄹ 관절 좌표계(Joint Coordinate System)는 로봇의 관절에 기준한 좌표계, 일반적으로 바로 앞 관절 좌표에 따라 결정한다.

ㅁ 공구 좌표계(Tool Coordinate System)는 로봇의 기계 접속 면에 설치된 공구(tool) 또는 말단 장치(end-effector)에 기준으로 한 좌표계를 말한다.

ㅂ 이동 플랫폼 좌표계(Mobile Platform Coordinate System)는 이동 플랫폼의 구성 요소에 기준으로 한 좌표계를 말한다.

(2) 로봇 용어

① 팔(Arm)은 손목(Wrist)의 위치를 결정한다. 매니퓰레이터의 세로 형상을 구성하는 연결된 링크 및 관절 구조이다.

② 손목(Wrist)은 매니퓰레이터의 말단 장치(end-effector)를 지지하기 위한 팔(arm)과 말단 장치 사이의 연결된 링크 및 관절 구조이다

③ 손목 원점(Wrist Origin) 또는 손목 기준점(Wrist Reference Point)은 손목을 구성하는 관절 중에서 가장 베이스 쪽에 있는 2축의 교점이며, 교점이 없는 경우에는 가장 베이스 쪽 축상에 지정한 점이다

④ 작업 영역(Work Space)은 손목 원점이 도달 가능한 영역에 손목 각 조인트의 가동 범위를 합한 영역이다.

⑤ 공구 중심점(TCP, Tool Center Point)은 기계 접속 좌표계에 기준하여 정한 말단 장치(end-effector)의 대표점이다.

⑥ 순응성(Compliance)은 로봇에 작용한 외력에 대한 로봇이나 공구의 유연한 거동을 의미이며, 강직도(stiffness)의 반대 개념이다.

⑦ 원격 조작(Teleoperation)은 거리를 두고 로봇을 실시간으로 제어하는 것을 말한다.

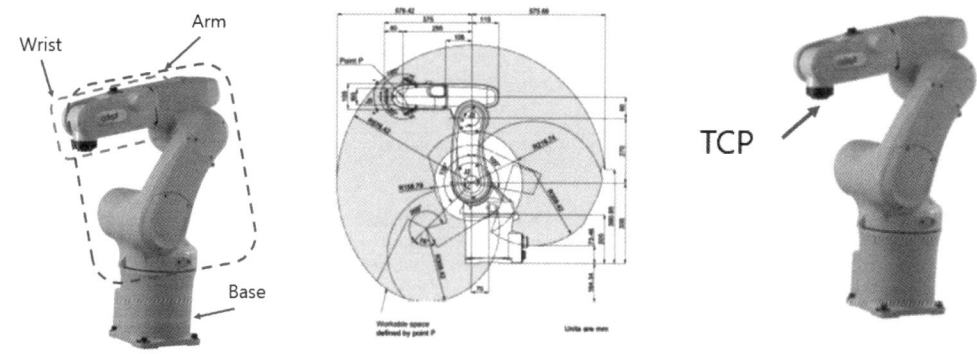

[그림 1-30] 로봇의 부위별 용어

⑧ 인간 로봇 상호작용(HRI, Human Robot Interaction)은 작업 중에 행해지는 인간과 로봇 사이의 상호작용을 말하며, 예를 들어, 음성 대화 인식, 시각 인식(얼굴, 제스처), 촉각 인식을 말한다.

⑨ 로봇 간 상호작용(RRI, Robot-to-Robot Interaction)은 복수 대의 로봇이 주어진 작업을 수행하기 위하여 서로 간에 행하는 상호작용을 말한다.

⑩ 인간 로봇 협동 작업(Human Robot Collaboration)은 인간과 로봇이 주어진 일을 수행하기 위하여 함께하는 작업을 말하며, 주로 인간과 로봇이 물리적으로 연결되어 작업하는 것을 의미한다.

⑪ 다중 로봇 협동 작업(Multi-robot Cooperation)은 복수 대의 로봇이 공동의 작업을 수행하기 위하여 협동으로 하는 작업을 말한다. 참고로 [그림 1-30]은 로봇의 부위별 용어를 보여 주고 있다.

2) 로봇 기구학

(1) 위치와 방위 해석

① **좌표계(Coordinate system) 표현**

ㄱ 좌표(Coordinates): 발견하게 된 계기는 파리가 천장에 붙어 있는 것을 보고 그 파리의 위치를 나타내려다가 만들어진 것이 바로 좌표이다. 좌표계에서 물체의 운동 및 그 위치에 수치를 부여한다.

ㄴ 좌표계(Coordinate system=frame): 물리량 값을 공간상에 좌표로 표현하기 위해 도입하는 체계, 물체 운동의 기술 등에 유용하다. [그림 1-31]은 평면 좌표(2차원 직각 좌표계)를 보여 주고 있다.

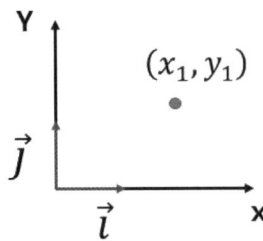

평면 좌표 (2차원 직각 좌표계)
ex) Point: (x, y), (r, θ)
　　 Triangle: {(1,1), (0,0), (3, −2)}
　　 Line: {(x, y) | ax+by+c=0}

[그림 1-31] 평면 좌표 (2차원 직각 좌표계)

ⓒ 벡터: 크기와 방향성: 표기(Notation)

[그림 1-32]은 크기와 방향성을 보여 주고 있다.

→ $\vec{a}, \vec{b}, \vec{c}$

Let $\vec{a} = (a_1, a_2, \cdots a_n)$, $\vec{b} = (b_1, b_2, \cdots b_n)$
Then $\vec{a} + \vec{b} = (a_1 + b_1, a_2 + b_2, \cdots a_n + b_n)$
$\vec{a} - \vec{b} = (a_1 - b_1, a_2 - b_2, \cdots a_n - b_n)$
$\alpha\vec{a} = (\alpha a_1, \alpha a_2, \cdots \alpha a_n)$

$\vec{a} + \vec{b} = (a_1 + b_1, a_2 + b_2, a_3 + b_3)$ 　　　　 $\vec{a} - \vec{b} = (a_1 - b_1, a_2 - b_2, a_3 - b_3)$

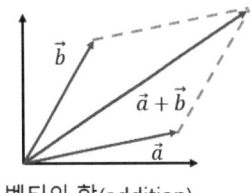 　　　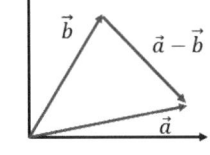

벡터의 합(addition) 　　　　　　　　 벡터의 차(subtraction)

[그림 1-32] 크기와 방향성

ⓔ 3차원 공간(Cartesian Space)

[그림 1-33]은 3차원 공간을 보여 주고 있다.

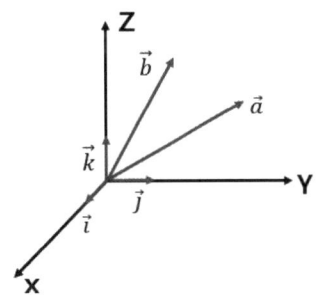

→ $\vec{i}, \vec{j}, \vec{k}$: Unit Vector

$\vec{a} = a_x\vec{i} + a_y\vec{j} + a_z\vec{k} = \begin{bmatrix} a_x \\ a_y \\ a_z \end{bmatrix}$

$\vec{a} + \vec{b} = (a_x + b_x)\vec{i} + (a_y + b_y)\vec{j} + (a_z + b_z)\vec{k}$
$\vec{a} - \vec{b} = (a_x - b_x)\vec{i} + (a_y - b_y)\vec{j} + (a_z - b_z)\vec{k}$
$\alpha\vec{a} = \alpha(a_x\vec{i} + a_y\vec{j} + a_z\vec{k}) + \alpha a_x\vec{i} + \alpha a_y\vec{j} + \alpha a_z\vec{k}$

[그림 1-33] 3차원 공간

ⓜ 벡터의 내적(Dot Product or Scalar product)

[그림 1-34]는 벡터의 내적을 보여 주고 있다.

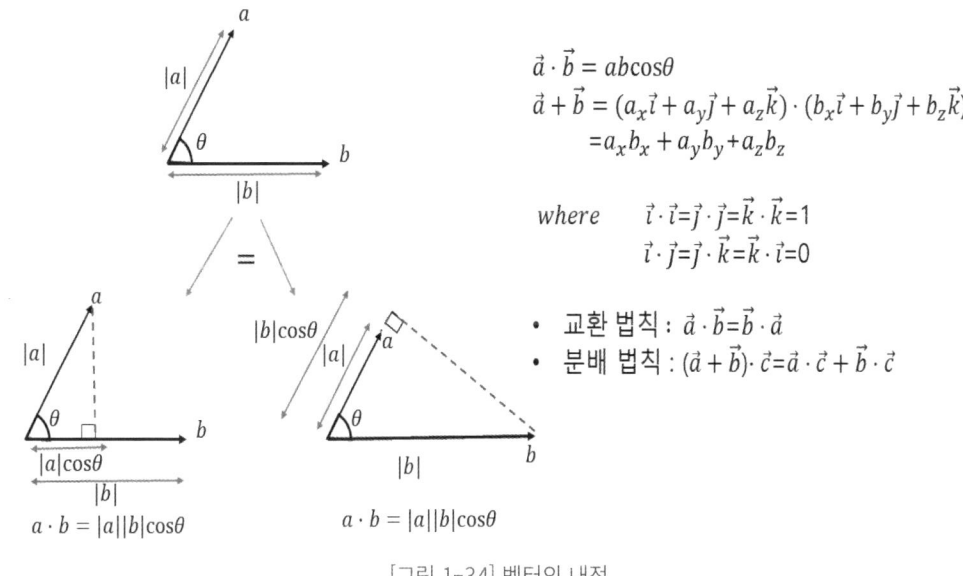

$$\vec{a} \cdot \vec{b} = ab\cos\theta$$
$$\vec{a} + \vec{b} = (a_x\vec{\imath} + a_y\vec{\jmath} + a_z\vec{k}) \cdot (b_x\vec{\imath} + b_y\vec{\jmath} + b_z\vec{k})$$
$$= a_xb_x + a_yb_y + a_zb_z$$

$$where \quad \vec{\imath}\cdot\vec{\imath}=\vec{\jmath}\cdot\vec{\jmath}=\vec{k}\cdot\vec{k}=1$$
$$\vec{\imath}\cdot\vec{\jmath}=\vec{\jmath}\cdot\vec{k}=\vec{k}\cdot\vec{\imath}=0$$

- 교환 법칙 : $\vec{a}\cdot\vec{b}=\vec{b}\cdot\vec{a}$
- 분배 법칙 : $(\vec{a}+\vec{b})\cdot\vec{c}=\vec{a}\cdot\vec{c}+\vec{b}\cdot\vec{c}$

$$a \cdot b = |a||b|\cos\theta$$
$$a \cdot b = |a||b|\cos\theta$$

[그림 1-34] 벡터의 내적

ⓗ 벡터의 외적(Cross product or Vector Product)

[그림 1-35]는 벡터의 외적을 보여 주고 있다.

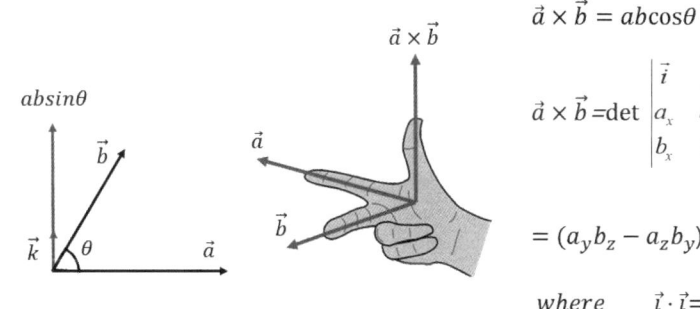

$$\vec{a} \times \vec{b} = ab\cos\theta$$

$$\vec{a} \times \vec{b} = \det \begin{vmatrix} \vec{\imath} & \vec{\jmath} & \vec{k} \\ a_x & a_y & a_z \\ b_x & b_y & b_z \end{vmatrix}$$

$$= (a_yb_z - a_zb_y)\vec{\imath} + (a_zb_x - a_xb_z)\vec{\jmath} + (a_xb_y - a_{yz}b_z)\vec{k}$$

$$where \quad \vec{\imath}\cdot\vec{\imath}=\vec{\jmath}\cdot\vec{\jmath}=\vec{k}\cdot\vec{k}=0$$
$$\vec{\imath}\times\vec{\jmath}=\vec{k}, \ \vec{\jmath}\times\vec{k}=\vec{\imath}, \vec{k}\times\vec{\imath}=\vec{\jmath}$$

- 교환 법칙 : $\vec{a}\times\vec{b}=-\vec{b}\times\vec{a}$
- 분배 법칙 : $\vec{a}\times(\vec{b}+\vec{c})=\vec{a}\times\vec{b}+\vec{a}\times\vec{c})$

[그림 1-35] 벡터의 외적

(2) 위치의 표현

① 위치의 표현 개념인 좌표계가 설정되면 우주상의 어떤 점(point)도 3 x 1의 위치 벡터로서 위치를 정할 수 있다. 벡터들이 자신이 설정된 좌표계를 나타내는 첨자를 좌측 상반부 (leading superscript)에 달고 있다. [그림 1-36]은 위치의 표현 개념인 좌표계를 보여 주고 있다.

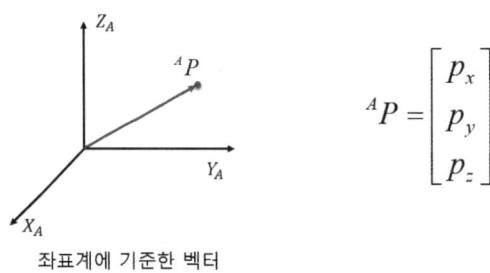

좌표계에 기준한 벡터

$$^AP = \begin{bmatrix} p_x \\ p_y \\ p_z \end{bmatrix}$$

[그림 1-36] 위치의 표현 개념인 좌표계

② 직교 좌표계(Cartesian coordinate)를 많이 이용하며, 직교하는 단위 벡터(unit vector)로 구성된 3차원 좌표계로 오른손 법칙을 따른다. 직교 좌표 계산의 한 점의 위치는 좌표계의 원점과 물체를 연결한 위치 벡터 p로 표현한다. [그림 1-37]과 [그림 1-38]은 직교 좌표계와 위치 표현에 대해서 보여 주고 있다.

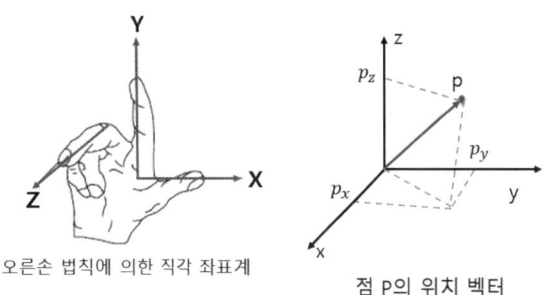

오른손 법칙에 의한 직각 좌표계

점 P의 위치 벡터

$$p = p_x\vec{\imath} + p_y\vec{\jmath} + p_z\vec{k}$$

$$P = \begin{bmatrix} p_x \\ p_y \\ p_z \end{bmatrix}$$

p_x, p_y, p_z : p의 $\vec{\imath}, \vec{\jmath}, \vec{k}$ 방향 성분

[그림 1-37] 직교 좌표계

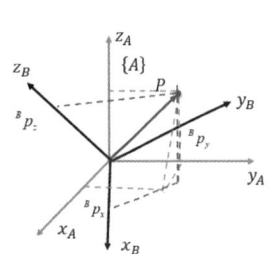

방향 코사인
(direction cosine)

$$x_B = x_B \cdot x_A + x_B \cdot y_A + x_B \cdot z_A \quad \Longleftrightarrow \quad x_B = \begin{vmatrix} x_B \bullet x_A \\ x_B \bullet y_A \\ x_B \bullet z_A \end{vmatrix}$$

좌표계 {A} 에서 본 벡터의 방향
방향 벡터(direction vector)

$$p = {}^AP = {}^Ap_x x_A + {}^Ap_y y_A + {}^Ap_z z_A$$
$$= {}^Bp = {}^Bp_x x_B + {}^Bp_y y_B + {}^Bp_z z_B$$

좌표계 {A}, {B}에서 본 점 P의 위치

${}^Ap_x, {}^Ap_y, {}^Ap_z : p$ 의 x_A, y_A, z_A 방향 성분
${}^Bp_x, {}^Bp_y, {}^Bp_z : p$ 의 x_B, y_B, z_B 방향 성분

[그림 1-38] 위치의 표현

③ 방위의 표현(회전 행렬)

 ㉠ 회전의 표현: 한 물체의 방위를 표시하기 위해 그 물체에 좌표계를 부착하고 그 후에 이 좌표계를 기준 좌표계에 대하여 상대적인 표시를 한다. 물체에 부착된 좌표계 {B}를 나타내는 방법은 기준 좌표계 {A}에 대한 3주축의 단위 벡터를 적는 방법이 있다. [그림 1-39]는 방위의 표현을 보여 주고 있다.

$$_B^A R = [x_B \ y_B \ z_B] = \begin{bmatrix} r_{11} & r_{12} & r_{13} \\ r_{21} & r_{22} & r_{23} \\ r_{31} & r_{32} & r_{33} \end{bmatrix}$$

[그림 1-39] 방위의 표현

 ㉡ 회전 행렬은 좌표계 {A}가 z_A축을 기준으로 α 만큼 회전한 좌표계를 {B}라고 할 경우 회전 행렬 $(\_B^A)R$로 나타낸다. [그림 1-40]은 회전 행렬을 보여 주고 있다.

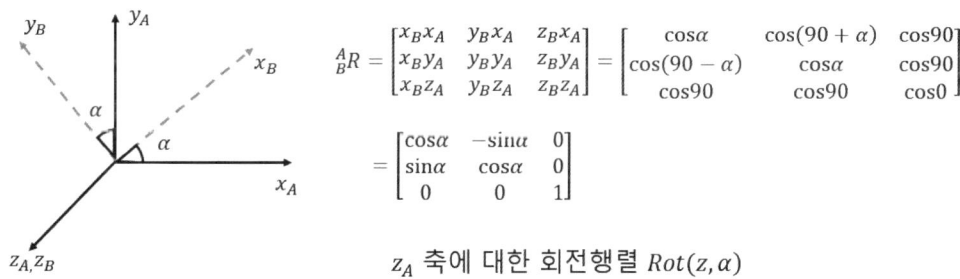

$$_B^A R = \begin{bmatrix} x_B x_A & y_B x_A & z_B x_A \\ x_B y_A & y_B y_A & z_B y_A \\ x_B z_A & y_B z_A & z_B z_A \end{bmatrix} = \begin{bmatrix} \cos\alpha & \cos(90+\alpha) & \cos90 \\ \cos(90-\alpha) & \cos\alpha & \cos90 \\ \cos90 & \cos90 & \cos0 \end{bmatrix}$$

$$= \begin{bmatrix} \cos\alpha & -\sin\alpha & 0 \\ \sin\alpha & \cos\alpha & 0 \\ 0 & 0 & 1 \end{bmatrix}$$

z_A 축에 대한 회전행렬 $Rot(z, \alpha)$

z_A 축을 중심으로 한 좌표축의 회전

[그림 1-40] 회전 행렬

④ 동차 변환을 이용한 좌표 변환

[그림 1-41]은 동차 변환을 통한 좌표 변환을 보여 주고 있다.

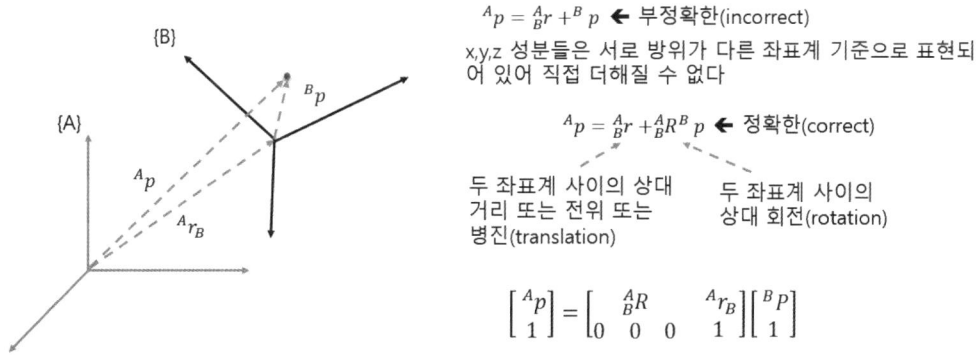

$^A p = \ _B^A r + \ ^B p$ ◀ 부정확한(incorrect)

x,y,z 성분들은 서로 방위가 다른 좌표계 기준으로 표현되어 있어 직접 더해질 수 없다

$^A p = \ _B^A r + \ _B^A R \ ^B p$ ◀ 정확한(correct)

두 좌표계 사이의 상대 거리 또는 전위 또는 병진(translation)

두 좌표계 사이의 상대 회전(rotation)

$$\begin{bmatrix} ^A p \\ 1 \end{bmatrix} = \begin{bmatrix} _B^A R & & ^A r_B \\ 0 & 0 & 0 & 1 \end{bmatrix} \begin{bmatrix} ^B P \\ 1 \end{bmatrix}$$

$^A T_B$: 동차 변환행렬(homogeneous transformation matrix)

[그림 1-41] 좌표 변환

$(^A_B T)$ 좌표계 {B}로 표현된 벡터 ($^B p$)를 좌표계 {A}에 대해 표현하는 좌표 변환 (coordinate transformation)으로서, 좌표계 {B}의 좌표계 {A}에 대한 회전 행렬과 좌표계 {A}의 원점에서 좌표계 {B}의 원점까지의 병진 벡터를 포함하는 4×4 행렬이다.

T은 A를 기준으로 하는 B로 표현한다.

(3) 역변환 매트릭스

① 역변환(Inverse Transformation)의 정의

[그림 1-42]는 역변환 매트릭스를 보여 주고 있다.

$$^A p = {}^A_B T \, {}^B p \quad \Longleftrightarrow \quad {}^B p = {}^B_A T \, {}^A p = \left({}^A_B T \right)^{-1} {}^A p$$

[그림 1-42] 역변환 매트릭스

㉠ 역변환의 유도

[그림 1-43]은 역변환 유도 과정을 보여 주고 있다.

$$^A p = {}^A r_B + {}^A_B R \, {}^B p$$
$$^A_B R^{T\,A} p = {}^A_B R^{T\,A} r_B + {}^A_B R^{T\,A}_B R \, {}^B p$$
$$^A_B R^{T\,A} p = {}^A_B R^{T\,A} r_B + {}^B p \quad (\because {}^A_B R^{T\,A}_B R = I)$$

$^B p$에 대해 정리하면
$$^B p = {}^A_B R^{T\,A} p - {}^A_B R^{T\,A} r_B \quad \Longleftrightarrow \quad \begin{bmatrix} {}^B p \\ 1 \end{bmatrix} = \begin{bmatrix} {}^A_B R^{T} & -{}^A_B R^{T\,A} r_B \\ 0 \quad 0 \quad 0 & 1 \end{bmatrix} \begin{bmatrix} {}^A p \\ 1 \end{bmatrix}$$

$$\rightarrow {}^B p = {}^B_A T \, {}^A p$$

$$\therefore {}^B_A T = \left({}^A_B T \right)^{-1} = \begin{bmatrix} {}^A_B R^{T} & -{}^A_B R^{T\,A} r_B \\ 0 \quad 0 \quad 0 & 1 \end{bmatrix}$$

[그림 1-43] 역변환 유도

② 역변환(Inverse Transformation)의 정의

[그림 1-43]는 역변환의 정의를 나타내고 있다.

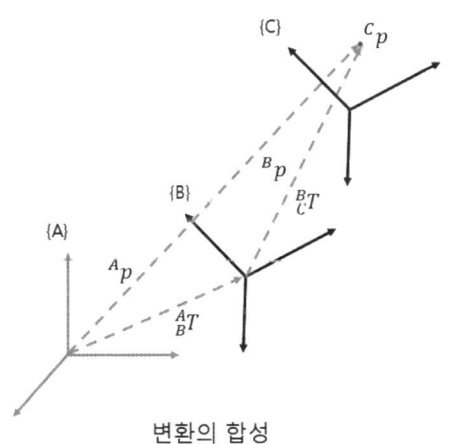

$$^{B}p = {}_{C}^{B}T\, {}^{C}p$$
$$^{A}p = {}_{B}^{A}T\, {}^{B}p$$

$$\rightarrow\ {}^{A}p = {}_{B}^{A}T\, {}^{B}p = {}_{B}^{A}T\, {}_{C}^{B}Tp = {}_{C}^{A}T\, {}^{C}p$$

$$\therefore\ {}_{C}^{A}T = {}_{B}^{A}T\, {}_{C}^{B}T$$

- 여러 좌표계의 연속적인 변환식을 얻는데 사용

변환의 합성

[그림 1-43] 역변환의 정의

③ 변환 방정식

물체의 특정 지점의 위치는 여러 기준 위치 사이의 상대 개념을 이용하면, 손쉽게 위치 정보를 얻을 수 있다. [그림 1-43]은 변환 방정식이다.

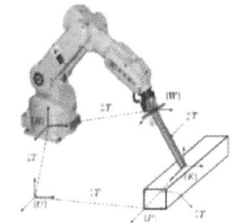

용접 작업 하고 있는 로봇

$${}_{B}^{U}T, {}_{E}^{W}T, {}_{P}^{U}T, {}_{E}^{P}T$$: 주어졌을 때 기준 좌표계에서 본 용접점의 위치

$${}_{E}^{U}T = {}_{B}^{U}T\, {}_{W}^{B}T\, {}_{E}^{W}T \rightarrow {}_{E}^{U}T = {}_{P}^{U}T\, {}_{E}^{P}T$$

$${}_{B}^{U}T\, {}_{W}^{B}T\, {}_{E}^{W}T = {}_{P}^{U}T\, {}_{E}^{P}T\, {}_{W}^{B}T$$

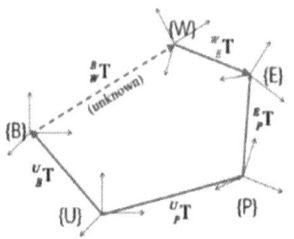

(G): 기준점
(B): 로봇 기저
(W): 로봇 손목
(E): 용접봉 끝
(P): 작업대상물

- 알려지지 않은 ${}_{W}^{B}T$의 위치를 알 수 있음.

$$_{W}^{B}T = {}_{E}^{U}T\, {}^{-1}{}_{P}^{U}T\, {}_{E}^{P}T\, {}_{E}^{W}T\, {}^{-1}\ \text{(변환 방정식)}$$

- 폐루프를 구성하는 여러 변환 중 한 개의 미지의 변환은 다른 변환들 사이의 관계를 통해서 얻을 수 있음.

[그림 1-43] 변환 방정식

(4) 로봇의 자유도(Degree of Freedom, DOF)

로봇이 움직일 수 있는 독립적인 방향 또는 축의 수를 나타낸다. 자유도는 로봇의 움직임을 정의하고, 작업 공간에서 특정 위치와 자세를 취할 수 있는 능력을 결정짓는 중요한 요소이다. [그림 1-44]는 로봇의 자유도를 나타내고 있다.

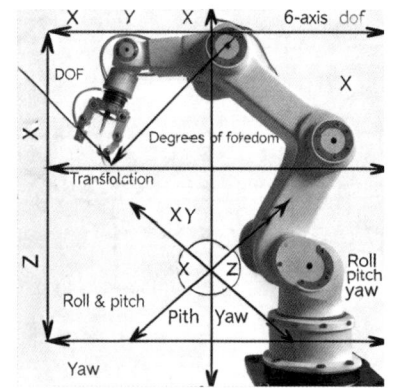

[그림 1-44] 로봇의 자유도

① 개념

로봇이 움직일 수 있는 축의 수로, 일반적으로 선형 이동과 회전 이동으로 나뉜다.

ㄱ 선형 이동(Translational Movement): X, Y, Z축을 따라 움직임.

ㄴ 회전 이동(Rotational Movement): 각 축을 중심으로 회전 (X축: Roll, Y축: Pitch, Z축: Yaw).

② 자유도의 수 계산

ㄱ 고정된 링크: 고정된 연결부는 추가적인 자유도를 제공하지 않는다.

ㄴ 회전 관절: 하나의 축을 기준으로 회전 가능 → 1 DOF.

ㄷ 슬라이딩 관절: 하나의 축을 따라 직선 운동 가능 → 1 DOF.

③ 로봇 시스템의 자유도

ㄱ 3축 로봇의 경우 선형 이동만 가능(X, Y, Z 축) → 3 DOF.

ㄴ 6축 로봇의 경우 3개의 선형 이동 + 3개의 회전 이동 → 6 DOF.

ㄷ 7축 이상 로봇의 경우 추가 관절로 인해 여분의 자유도(Redundant DOF)가 발생 → 작업 공간에서 더 유연하게 움직일 수 있다.

④ 자유도의 중요성

ㄱ 자유도가 높을수록 로봇이 도달할 수 있는 작업 영역이 넓어진다.

ㄴ 높은 자유도는 정밀도와 유연성이 필요한 복잡한 작업을 수행하거나 장애물을 회피하는 데 유리하다.

⑤ 응용 분야

ㄱ 용접, 페인팅, 조립 등의 산업용 로봇 분야에서 보통 6축 로봇 사용

ㄴ 의료 분야의 수술 로봇은 높은 정밀도를 위해 7축 이상을 갖기도 함.

ㄷ 서비스 분야에서 사용되는 서비스 로봇은 다양한 환경에서 작업하기 위해 다양한 자유도를 포함한다.

⑥ 설계 시 고려 사항

필요한 자유도의 수는 작업 목표, 환경 및 비용에 따라 결정된다.

자유도를 증가시키면 로봇의 유연성이 높아지지만 복잡성과 비용도 증가한다는 단점이 발생한다. 참고로 6 자유도 로봇 팔은 가장 일반적인 사례로, 선형 및 회전 이동을 통해 작업 공간에서 원하는 위치와 자세를 구현할 수 있다.

⑦ **자유도 예** (사람의 팔)

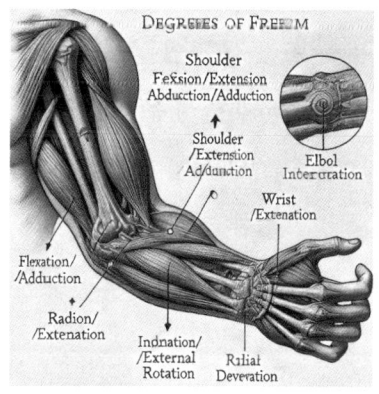

[그림 1-45] 팔의 자유도

사람의 팔을 자유도(Degree of Freedom, DOF) 개념으로 설명하면, [그림 1-45]와 같이 팔의 관절과 움직임을 나타내는 주요 축과 회전 방향을 고려해야 한다.

앞에서 설명했지만 자유도는 움직임의 독립적인 방향이나 축을 의미하며, 사람의 팔은 여러 관절의 조합으로 고도로 유연한 움직임을 가능하게 하는 것이다. 사람 팔의 주요 구성과 자유도를 설명하면 다음과 같다.

㉠ 어깨 관절(Shoulder Joint), 자유도: 3

어깨는 구형 관절(ball-and-socket joint)로 다음 세 방향으로 움직일 수 있다.

굴곡/신전 (Flexion/Extension): 팔을 앞/뒤로 움직임

내전/외전 (Abduction/Adduction): 팔을 몸에서 멀리/가까이 움직임

내회전/외회전 (Internal/External Rotation): 팔을 축으로 회전시킴

㉡ 팔꿈치 관절 (Elbow Joint) 자유도: 1

팔꿈치는 경첩 관절(hinge joint)로 한 방향으로만 움직인다.

굴곡/신전 (Flexion/Extension): 팔을 구부리거나 펴는 동작

㉢ 전완부 (Forearm) 자유도: 1

척골(ulna)과 요골(radius)의 회전으로 인해 움직임이 가능하다.

회내/회외 (Pronation/Supination): 손바닥이 아래를 보거나 위를 보도록 회전

㉣ 손목 관절 (Wrist Joint) 자유도: 2

손목은 두 방향으로 움직일 수 있다.

굴곡/신전(Flexion/Extension): 손목을 구부리거나 펴는 동작

요측/척측 편위(Radial/Ulnar Deviation): 손목을 좌우로 기울이는 동작

ⓜ 전체 자유도 합산

사람의 팔은 어깨(3 DOF), 팔꿈치(1 DOF), 전완(1 DOF), 손목(2 DOF)을 합쳐 7개의 자유도를
가지고 있다. 따라서 다양한 방향으로 움직일 수 있는 것이다.

⑧ **자유도 예** (3차원 공간에서 비행기)

3차원 공간에서의 자유도를 설명할 때 비행기를 예로
들면, [그림 1-46]과 같이 비행기는 6가지의 자유도를 가
지고 움직일 수 있다. 이러한 자유도는 3개의 병진
(Translation) 운동과 3개의 회전(Rotation) 운동으로 나눌
수 있다.

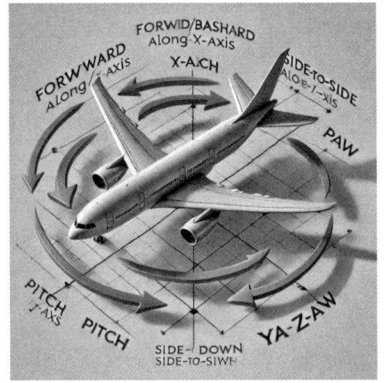

[그림 1-46] 비행기의 자유도

㉠ 병진 운동 (Translation)

비행기는 3차원 좌표축(X, Y, Z)에 따라 직선으로 이동
할 수 있다:

ⓐ X축 이동 (좌우로 이동)

비행기가 좌우 방향으로 움직인다. 예: 활주로에서 왼쪽이나 오른쪽으로 이동

ⓑ Y축 이동 (앞뒤로 이동)

비행기가 전후진한다. 예: 활주로를 따라 앞으로 질주하거나 후진으로 이동

ⓒ Z축 이동 (상하로 이동)

비행기가 상승하거나 하강한다. 예: 이륙하거나 착륙하는 동안의 움직임.

㉡ 회전 운동 (Rotation)

비행기는 3개의 회전축을 중심으로 회전할 수 있다:

ⓐ Roll (롤, X축 회전)

날개를 중심으로 좌우로 기울인다. 예: 비행기가 좌측으로 기울어 회전하는 경우

ⓑ Pitch (피치, Y축 회전)

기수를 위로 들거나 아래를 향하게 한다. 예: 상승하거나 하강 비행 중의 모습

ⓒ Yaw (요, Z축 회전)

수직축을 중심으로 좌우로 방향 변경. 예: 북쪽에서 동쪽으로 방향을 변경하는 경우

CHAPTER

H/W와 개 발 플랫폼

2장 H/W와 개발 플랫폼

1. Magician Lite

1) 하드웨어 인터페이스

(1) 개요

Magician Lite는 실습 교육을 위한 다기능 데스크톱 로봇 팔이다. 티칭 앤 플레이백(teach & playback), 블록 프로그래밍, 스크립트 프로그래밍, 쓰기 및 그리기 등을 지원하며, Magician Lite의 외장 컨트롤러인 Magic Box에서 다양한 확장형 I/O 인터페이스를 통해 2차 개발도 지원한다.

① 외형

Magician Lite는 [그림 2-1]과 같이 베이스, rear arm, forearm, 엔드 이펙터 등으로 구성된다. 엔드 이펙터는 로봇 팔의 끝단에서 물체를 잡거나 이동시키는 등 다양한 역할을 수행할 수 있다.

대표적인 엔드 이펙터로는 Suction Cup, Gripper 등이 있다. 베이스에는 I/O 인터페이스가 내장되어 Magic Box가 없어도 자체적으로 PC와 연결하여 로봇 팔을 제어할 수 있다.

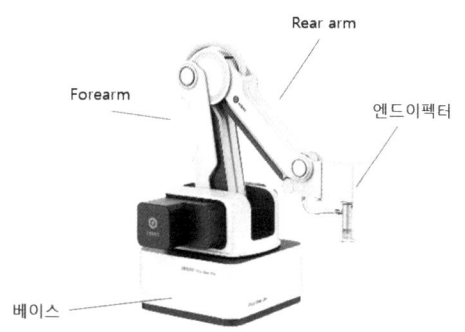

[그림 2-1] Magician Lite 구성

② 기술 매개변수

가. Magician Lite 기술 매개변수

[표 2-1]은 Magician Lite 최대 하중 등 기술 매개변수에 관한 설명이다.

이름	Magician Lite	
최대 하중	250g	
최대 반경	340mm	
동작 범위	J1	-135°~135°
	J2	-5°~80°
	J3	-10°~85°
	J4	-145°~145°
반복 위치 정확도	±0.2mm	
동작 전원	100V~240V AC, 50/60Hz	
입력 전원	12V/5A DC	
통신 모드	USB virtual serial /serial	
소프트웨어	DobotLab	
동작 온도	-5℃~+45℃	

[표 2-1] Magician Lite 기술 매개변수

나. 규격

[그림 2-2]는 Magician Lite와 엔드 마운팅 홀의 규격을 보여 준다.

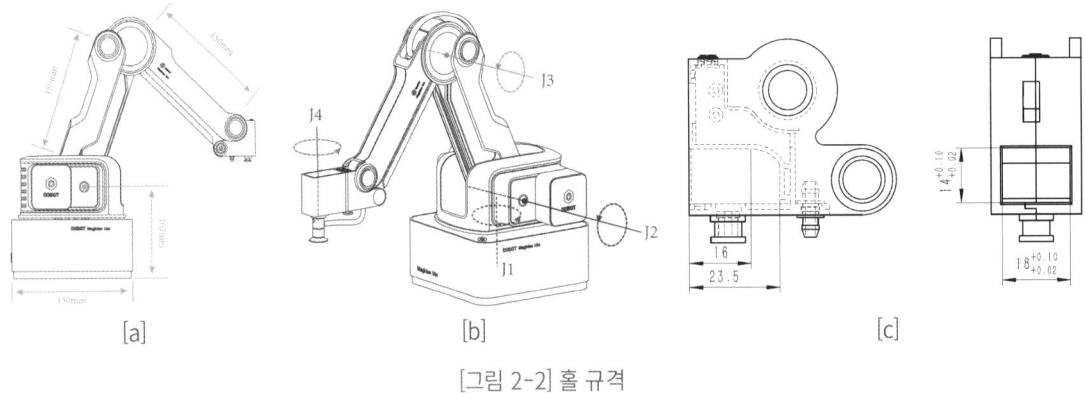

[a]　　　　　　　[b]　　　　　　　[c]

[그림 2-2] 홀 규격

(2) Magician Lite 인터페이스

① Magician Lite 인터페이스 설명

Magician Lite의 인터페이스는 베이스의 후면에 위치한다. [그림 2-3]은 실제 인터페이스의 모습과 해당 인터페이스에 대한 설명을 보여 준다.

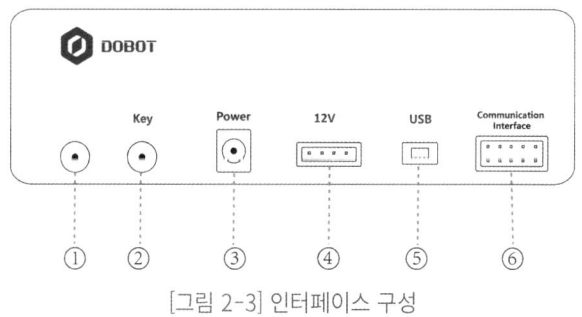

[그림 2-3] 인터페이스 구성

② LED 표시등 설명

[표 2-2]는 Magician Lite 베이스에 위치한 LED 등에 대한 각각의 항목과 설명이다.

상태	설명
Green on	Magician Lite 정상 동작
Yellow on	Magician Lite 시작 상태
Blue on	Magician Lite 오프라인 모드
Blue flashing	Magician Lite Homing 절차 실행 중
Red on	• Magician Lite 한계 위치(상·하한 Stroke Limit) 도달 • 알람 발생 중

[표 2-2] 매개변수

2) 행동반경

로봇의 행동반경은 로봇이 자유롭게 이동하거나 작업을 수행할 수 있는 물리적 범위를 의미한다. 이는 로봇 설계와 사용 목적에 따라 달라지며, 여러 요인에 의해 결정된다.

(1) 사용 방식

행동반경은 로봇의 기하학적 모델링이나 시뮬레이션을 통해 계산할 수 있다. 주로 사용되는 방식은 로봇의 기지점에서 가장 먼 작업 지점까지의 거리를 의미하는 직선 거리 계산 방식과 로봇이 도달할 수 있는 모든 지점을 3D 공간에서 시뮬레이션하여 작업 공간을 시각화하는 작업 영역 모델링 방식이 있다.

(2) Workspace

[그림 2-4]은 Magician Lite의 행동반경에 대해 보여 주고 있다.

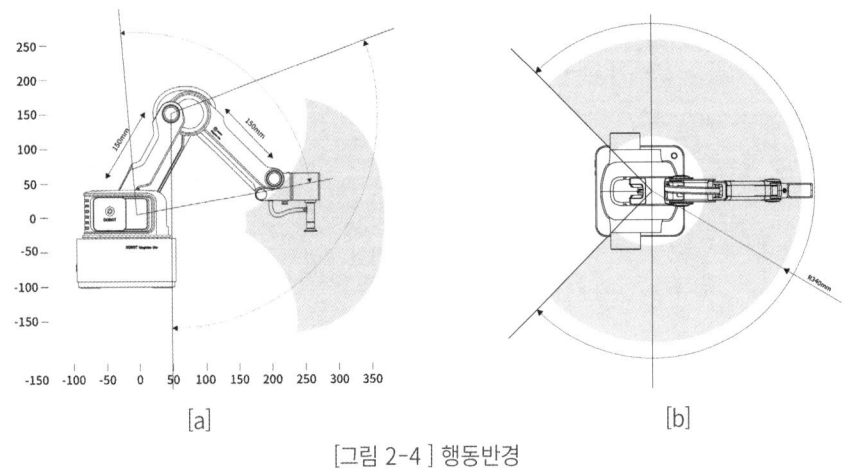

[a]   [b]

[그림 2-4] 행동반경

(3) 좌표계 Coordinate System

Magician Lite는 두 종류의 좌표계를 사용한다.

① [그림 2-5]은 Joint(관절) 좌표계와 Cartesian(직각, 직교) 좌표계에 대한 설명이다.

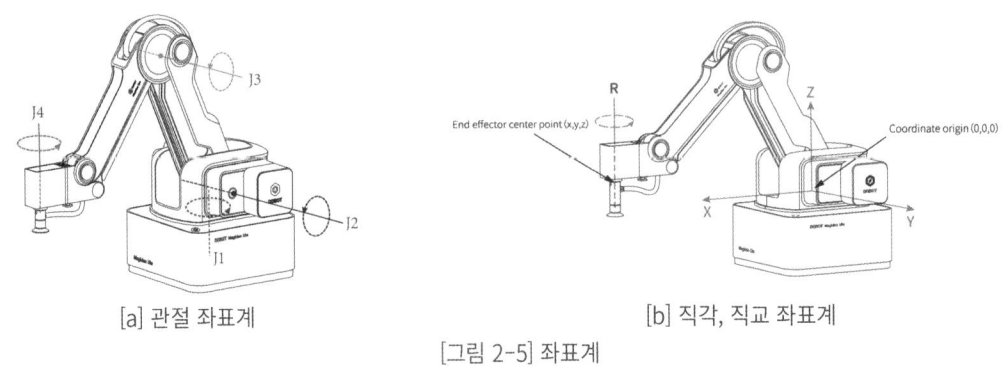

[a] 관절 좌표계   [b] 직각, 직교 좌표계

[그림 2-5] 좌표계

② **Joint 좌표계와 Cartesian 좌표계**

가. Joint 좌표계: Motion joint에 의해 결정되는 좌표

Suction Cup Kit, Gripper Kit 등 서보가 포함된 엔드 이펙터를 설치하면 Magician Lite는 J1, J2, J3, J4등 4개의 joints들이 모두 회전하며, 이들의 회전 방향은 반시계 방향이다.

나. Cartesian 좌표계: Base에 의해 결정되는 좌표

　　㉠ 원점은 세 모터(rear arm, forearm, 베이스)의 중심이다.

　　㉡ X축의 방향은 베이스 정면 방향에 수직이다.

　　㉢ Y축의 방향은 베이스 왼쪽 방향에 수직이다.

(4) 이동 모드

① 조깅(Jogging) 모드

조깅 모드는 Magician Lite를 티칭할 때 직교 좌표계 혹은 Joint 좌표계의 한 점으로 미세 조정하는 것을 말한다.

가. Joint 좌표계 시스템 모드

　　㉠ J1+, J1-를 클릭하고 base 모터를 제어하여 양, 음의 방향으로 회전시킨다.

　　㉡ J2+, J2-를 클릭하고 Rear Arm 모터를 제어하여 양, 음의 방향으로 회전시킨다.

　　㉢ J3+, J2-를 클릭하고 Forearm 모터를 제어하여 양, 음의 방향으로 회전시킨다.

　　㉣ J4+, J4-를 클릭하고 서보가 양, 음의 방향으로 회전시킨다.

② Cartesian 좌표계 시스템 모드

　　㉠ X+, X-를 클릭하면 Magician Lite가 X축을 따라 양, 음의 방향으로 이동한다.

　　㉡ Y+, Y-를 클릭하면 Magician Lite가 Y축을 따라 양, 음의 방향으로 이동한다.

　　㉢ Z+, Z-를 클릭하면 Magician Lite가 Z축을 따라 양, 음의 방향으로 이동한다.

　　㉣ R+, R-를 클릭하면 Magician Lite가 R축을 따라 양, 음의 방향으로 회전한다.

③ 점대점(Point to point, PTP) 모드

점대점 이동(한 점에서 다른 점까지 이동)을 의미하는 PTP 모드는 MOVJ, MOVL, JUMP를 지원한다. 이동 궤적은 모션 모드에 따라 다르다.

㉠ MOVJ: 관절 운동. [그림 2-6]에 표시된 것처럼 A 지점에서 B 지점까지 각 관절은 궤적과 관계없이 초기 각도에서 목표 각도까지 실행된다.

㉡ MOVL: 직선 운동. [그림 2-7]에 표시된 것처럼 관절은 A 지점에서 B 지점까지 직선 궤적을 수행한다.

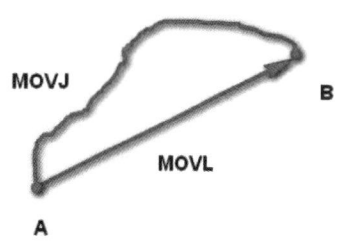

[그림2-6] MOVJ 관절 운동

ⓒ JUMP: A 지점에서 B 지점으로 관절이 MOVJ 모드로 이동하며 [그림 2-6] 또는 [그림 2-7]와 같이 이동 궤적이 나타난다.

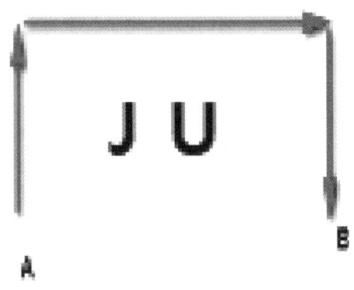

[그림2-7] MOVL 직선 운동

3) 케이블 인터페이스

(1) Magician Lite 케이블 연결

① PC와의 연결

ⓐ Step 1

[그림 2-8]과 같이 USB 케이블을 사용하여 Magician Lite와 PC를 연결한다.

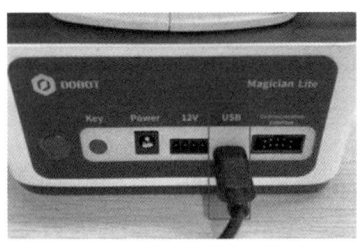

[그림 2-8] PC와 연결

ⓑ Step 2

[그림 2-9]와 같이 전원 어댑터를 Magician Lite의 전원 인터페이스에 연결한다.

[그림 2-9] 전원 인터페이스

② Magic Box와의 연결

ⓐ Step 1

[그림 2-10]과 같이 4핀 전원 케이블과 10핀 통신 케이블을 사용하여 Magician Lite와 Magic Box를 연결한다.

이때 4핀 전원 케이블은 12V 전원 인터페이스에, 10핀 통신 케이블은 Communication1 인터페이스에 연결한다.

[그림 2-10] Magic box연결

ⓛ Step 2

[그림 2-11]과 같이 Magic Box와 PC를 USB 케이블을 사용하여 연결한다.

[그림 2-11] USB 연결

ⓒ Step 3

[그림 2-12]와 같이 Magic Box에 파워 어댑터를 연결한다.

[그림 2-12] 파워 연결

(2) Magician Lite 전원 On/Off

① Power On

Magician Lite 혹은 Magician Box에 있는 전원 버튼을 누른다. Magician Lite의 전원이 켜지면, 모든 stepper motors가 정지되고 짧은 비프음과 함께 LED 등이 녹색으로 바뀌고 Magician Lite의 전원이 켜진다.

⚠ NOTICE

전원을 켠 후 LED 등이 빨간색이 되면 Magician Lite가 제한된 위치에 도달한 것을 의미한다. 작업 공간으로 돌아가려면 forearm의 Unlock 버튼을 길게 눌러 Magician Lite를 원하는 다른 위치로 이동시킨다. 이후 버튼을 놓으면 LED 등이 녹색이 된다.

② Power Off

LED 등이 녹색이 되면 전원 버튼을 눌러 Magician Lite를 끈다. 이 경우 forearm 사이의 각도가 작아지고 forearm이 rear arm로 천천히 이동하면서 결과적으로 두 arm이 특정 위치에 도달한다.

⚠ WARNING

종료 프로세스 중에는 접촉에 의한 안전사고(손 등)를 주의해야 한다.

③ 엔드 이펙터 연결

가. Suction Cup Kit

[그림 2-13]과 같이 Magician Lite는 자체적으로 공기 펌프가 내장되어 있으며, 이는 기본적으로 Air pipe(tube)를 통해 Suction Cup과 연결된다.

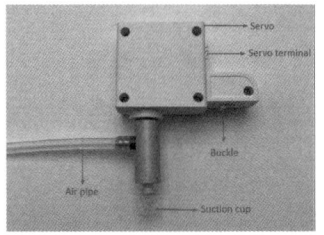

[그림 2-13] Air pipe 연결

㉠ Step 1

[그림 2-14]와 같이 Magician Lite의 끝단에 Suction Cup kit를 연결한다. 이때 딸깍 소리가 나면 Suction Cup이 Magician Lite에 고정된 것이다.

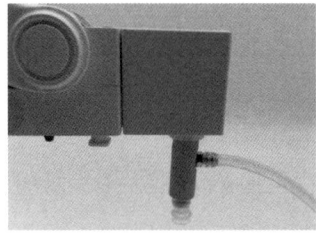

[그림 2-14] Suction Cup kit

㉡ Step 2

[그림 2-15]와 같이 Suction Cup의 공기 펌프의 Air tube와 Magician Lite의 Air tube 커넥터를 연결한다.

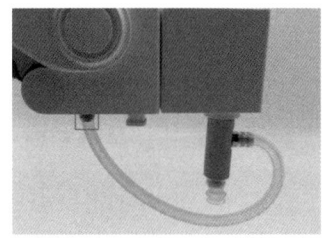

[그림 2-15] Air tube 연결

나. Gripper Kit

[그림 2-16]과 같이 Gripper를 제어하기 위해서 공기 펌프의 연결이 필요하다.

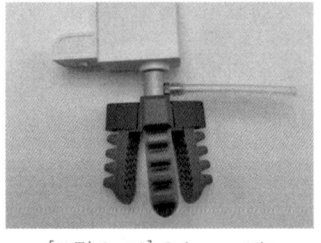

[그림 2-16] Gripper Kit

Gripper Kit를 Magician Lite에 설치하는 것은 Suction Cup의 설치 방법과 동일한 방식으로 진행된다. [그림 2-17]는 설치가 완료된 것을 보여 준다.

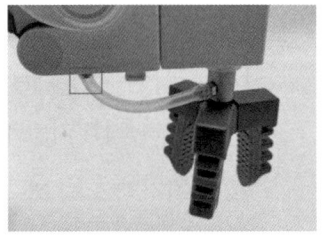

[그림 2-17] 설치 완료

다. 카메라 연결

AI Camera kit 설치 카메라는 얼굴 인식, OCR을 통한 로봇 팔 제어 등의 영상 처리 AI를 위해 필요하다.

ㄱ Step 1

[그림 2-18]과 같이 카메라 kit에 있는 나사들을 풀어 준다.

ㄴ Step 2

[그림 2-19]와 같이 카메라 kit를 엔드 이펙터에 장착한다.

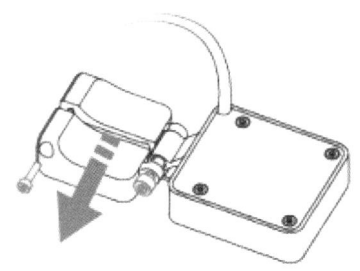

[그림 2-18] 카메라 kit

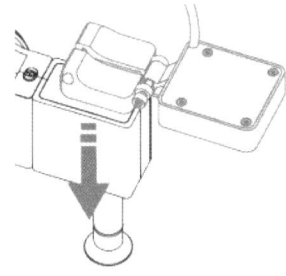

[그림 2-21] 카메라 kit연결

ㄷ Step 3

[그림 2-20]과 같이 나사를 조여서 카메라 kit의 위치를 엔드 이펙터에 고정한다.

ㄹ Step 4

[그림 2-21]과 같이 카메라 kit USB 케이블을 사용하여 PC에 카메라를 연결한다.

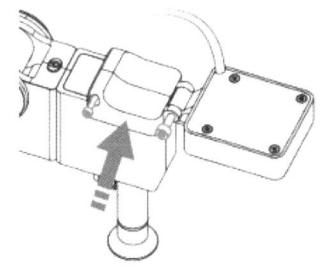

[그림 2-20] 카메라 kit 고정

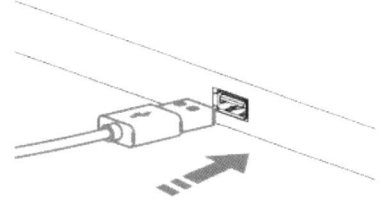

[그림 2-21] 카메라 kit 연결

ㅁ Step 5

[그림 2-22]와 같이 카메라의 각도를 정한다. 0°~135° 범위 안에서 설정할 수 있다.

[그림 2-23]과 같이 카메라의 각도를 설정하기 전에 나사를 살짝 풀어 준다.

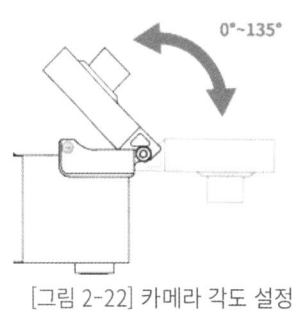 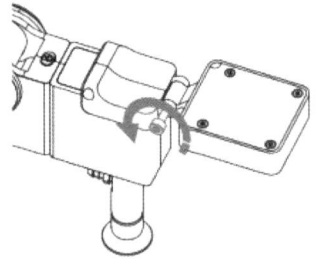

[그림 2-22] 카메라 각도 설정　　　　　[그림 2-23] 카메라 각도 조정

2. 매직박스(Magic Box)

1) 소개

Magic Box는 모션 제어 알고리즘과 사용자 작업을 분리하여 프로그래밍 및 제작에 보다 편리함을 제공한다.

(1) 개요

Magic Box는 오프라인 기능을 지원하며 12V의 제어 가능한 전원 인터페이스 2개, 다기능 통신 인터페이스 2개, 범용 IO 인터페이스 6개, 스탭퍼 모터 인터페이스 2개 및 여러 I2C 인터페이스를 갖추고 있다.

그외 다양한 센서 및 관련 액세서리를 확장하여 더 많은 기능을 구현할 수 있다.

① 외형

Magic Box의 외형은 [그림 2-24]와 같다.

[그림 2-24] Magic Box

② 기술 매개변수

가. Magic Box 기술 매개변수

[표 2-3]는 Magic Box의 칩셋 등 기술 매개변수에 관한 설명이다.

이름	Magic Box
칩셋	ARM 32-bit Cortex-M4
사용 주파수	168 MHz
동작 전원	100V~240V AC, 50/60Hz
입력 전원	12V/5A DC
동작 온도	-5℃~45℃
정전 용량	최대 60W
통신 모드	USB virtual serial/serial/Bluetooth
프로그래밍 언어	MicroPython
소프트웨어	DobotLab
무게	98g
규격	95mm x 80mm x 21.5mm
전원 인터페이스	4핀, 12V/3A DC
Multifunctional Communication Interface	10핀, serial port communication interface
General I/O expand interface	Green port, 4핀, 3.3V/5V-IO, 5V/1A-VCC multiplexing interface Self-define I/O, AD, PWM output, I2C etc.
Stepper motor expand Interface	Yellow port, 4핀, 12V 1A
12V 전원 인터페이스	Red port, 2핀, 12V, 최대 3A
PWM	범위: 20Hz~100KHz
ADC	범위: 0v~5V 정확도: 12bit

[표 2-3] Magic Box 기술 매개변수

나. 인터페이스

㉠ Magic Box 인터페이스 설명

[그림 2-25]와 같이 Magic Box의 인터페이스는 아래 그림처럼 24개의 I/O 다중 인터페이스와 슬라이딩 레일, 컨베이어 벨트, 조이스틱, 센서 등을 연결하는 통신 인터페이스로 구성된다.

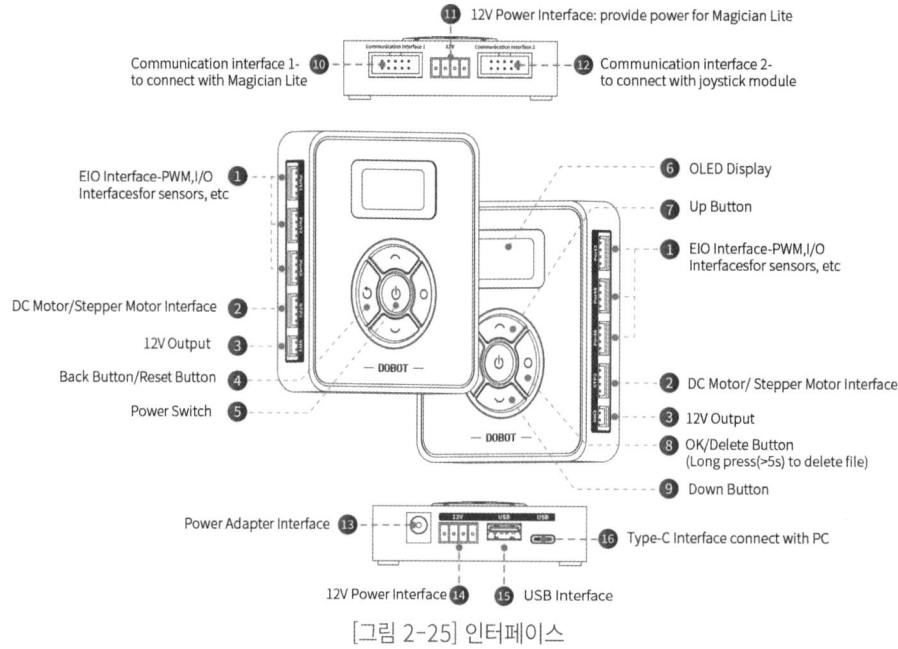

[그림 2-25] 인터페이스

㉡ Multiplexed(다중) I/O 인터페이스 설명

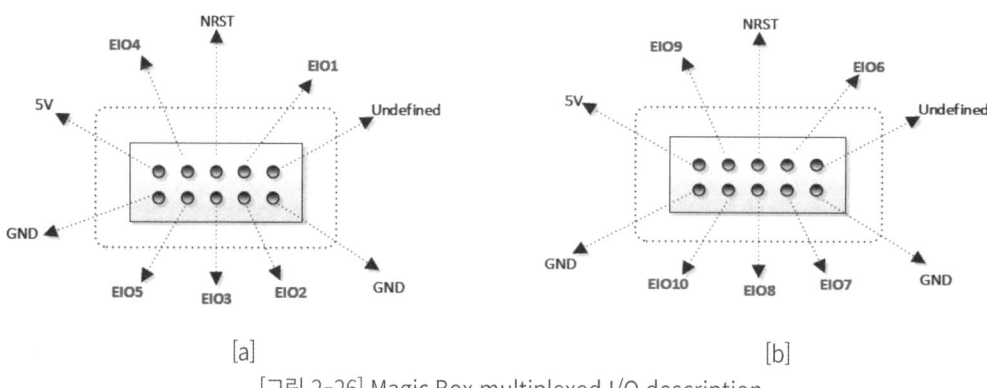

[그림 2-26] Magic Box multiplexed I/O description

Magic Box의 I/O 인터페이스 주소는 통일되어 있으며, 대부분의 I/O 인터페이스는 주변 기기를 제어하는 여러 기능이 있다.

[그림 2-26]은 Magic Box의 통신 인터페이스를 보여 주며, [표 2-4]부터 [표 2-7]은 다중 I/O의 통신 인터페이스와 sw, port 등 매개변수에 대한 설명이다.

인터페이스	핀	설명	출력 레벨	PWM	입력 레벨	ADC	Pulling 여부
통신 인터페이스 1	undefined	-	-	-	-	-	-
	GND	ground	-	-	-	-	-
	EIO1	General I/O interface	3.3V 10mA 출력	-	3.3V/5V 10mA 입력	-	No Pulling
	EIO2	General I/O interface	3.3V 10mA 출력	-	3.3V/5V 10mA 입력	-	No Pulling
	Reset	펌웨어 초기화	3.3V 10mA 출력	-	3.3V/5V 10mA 입력	-	Pull up 430R to 3.3V
	EIO3	General I/O interface	3.3V 10mA 출력	-	3.3V/5V 10mA 입력	-	Pull up 10K to 3.3V
	EIO4	General I/O interface	3.3V 10mA 출력	-	3.3V/5V 10mA 입력	-	No Pulling
	EIO5	General I/O interface	3.3V 10mA 출력	-	3.3V/5V 10mA 입력	-	No Pulling
	5V	power	5V/1A 출력	-	-	-	-
	GND	ground	-	-	-	-	-

[표 2-4] 통신 인터페이스 1

인터페이스	핀	설명	출력 레벨	PWM	입력 레벨	ADC	Pulling 여부
통신 인터페이스 1	undefined	-	-	-	-	-	-
	GND	ground	-	-	-	-	-
	EIO6	General I/O interface	3.3V 10mA 출력	-	3.3V/5V 10mA 입력	-	No Pulling
	EIO7	General I/O interface	3.3V 10mA 출력	-	3.3V/5V 10mA 입력	-	No Pulling
	Reset	펌웨어 초기화	3.3V 10mA 출력	-	3.3V/5V 10mA 입력	-	Pull up 430R to 3.3V
	EIO8	General I/O interface	3.3V 10mA 출력	-	3.3V/5V 10mA 입력	-	Pull up 10K to 3.3V
	EIO9	General I/O interface	3.3V 10mA 출력	-	3.3V/5V 10mA 입력	-	No Pulling
	EIO10	General I/O interface	3.3V 10mA 출력	-	3.3V/5V 10mA 입력	-	No Pulling
	5V	power	5V/1A 출력	-	-	-	-
	GND	ground	-	-	-	-	-

[표 2-5] 통신 인터페이스 2

인터페이스	핀	설명	출력 레벨	PWM	입력 레벨	ADC	Pulling 여부
SW1	EIO2	제어 전원	8V~12.6V 3A 출력	-	-	-	-
SW1	GND	ground	-	-	-	-	-
SW2	EIO1	제어 전원	8V~12.6V 3A 출력	-	-	-	-
SW2	GND	ground	-	-	-	-	-
STP1	2_1A	-	8V~12.6V 0.9A 출력	-	-	-	-
STP1	2_1B	-	8V~12.6V 0.9A 출력	-	-	-	-
STP1	2_2A	-	8V~12.6V 0.9A 출력	-	-	-	-
STP1	2_2B	-	8V~12.6V 0.9A 출력	-	-	-	-
STP2	1_1A	-	8V~12.6V 0.9A 출력	-	-	-	-
STP2	1_1B	-	8V~12.6V 0.9A 출력	-	-	-	-
STP2	1_2A	-	8V~12.6V 0.9A 출력	-	-	-	-
STP2	1_2B	-	8V~12.6V 0.9A 출력	-	-	-	-
Port1	GND	ground	-	-	-	-	-
Port1	5V	power	5V/1A	-	-	-	-
Port1	EIO16	General I/O interface	3.3V 10mA 출력	✓	3.3V 10mA	-	Pull up 51K to 3.3V
Port1	EIO15	General I/O interface	3.3V 10mA 출력	-	3.3V 10mA	-	Pull up 51K to 3.3V
Port2	GND	ground	-	-	-	-	-
Port2	5V	power	5V/1A	-	-	-	-
Port2	EIO13	General I/O interface	3.3V 10mA 출력	✓	3.3V 10mA	-	Pull up 51K to 3.3V
Port2	EIO14	General I/O interface	3.3V 10mA 출력	-	3.3V 10mA	-	Pull up 51K to 3.3V

[표 2-6] 매개변수 1

2장 H/W와 개발 플랫폼

인터페이스	핀	설명	출력 레벨	PWM	입력 레벨	ADC	Pulling 여부
Port3	GND	ground	-	-	-	-	-
	5V	power	5V/1A	-	-	-	-
	EIO23	General I/O interface	3.3V 10mA 출력	✓	3.3V 10mA	-	No Pulling
	EIO24	General I/O interface	3.3V 10mA 출력	-	3.3V 10mA	✓	No Pulling
Port4	GND	ground	-	-	-	-	-
	5V	power	5V/1A	-	-	-	-
	EIO21	General I/O interface	3.3V 10mA 출력	✓	3.3V 10mA	-	No Pulling
	EIO122	General I/O interface	3.3V 10mA 출력	-	3.3V 10mA	✓	No Pulling
Port5	GND	ground	-	-	-	-	-
	5V	power	5V/1A	-	-	-	-
	EIO20	General I/O interface	3.3V 10mA 출력	✓	3.3V 10mA	-	Pull up 51K to 3.3V
	EIO19	General I/O interface	3.3V 10mA 출력	✓	3.3V 10mA	-	Pull up 51K to 3.3V
Port6	GND	ground	-	-	-	-	-
	5V	power	5V/1A	-	-	-	-
	EIO18	General I/O interface	3.3V 10mA 출력	✓	3.3V 10mA	-	Pull up 51K to 3.3V
	EIO17	General I/O interface	3.3V 10mA 출력	✓	3.3V 10mA	-	Pull up 51K to 3.3V

[표 2-7] 매개변수 2

DobotLab은 https://dobotlab.dobot.cc/를 통해 DobotLab에 접속할 수 있다.

DobotLab에서 지원하는 하드웨어 기기로는 Dobot Magician, Dobot Magician Lite, Magic Box, AI-스타터, 모바일 플랫폼, 아두이노 스마트 키트 등이 있다.

1) DobotLab

Dobot Magician Lite는 인공지능(AI) 교육 전용 통합 소프트웨어 플랫폼인 DobotLab을 통해 구현할 수 있는 티칭 앤 플레이백(teach & playback), 글쓰기 및 드로잉, 블록 프로그래밍, 스크립트 컨트롤 등 다양한 기능을 갖추고 있다.

(1) 모듈

DobotLab에는 DobotBlock Lab, Python Lab, Writing and Drawing Lab, Laser Engraving Lab, Teaching and Playback Lab, 3D Printing Lab and Virtual Simulation Lab 등 7개의 핵심 모듈이 있다.

이러한 모듈에서 온라인 프로그래밍 또는 연산을 통해 AI 실험 프로젝트를 구현할 수 있으며, DobotLab의 주요 페이지는 [그림 2-27]과 같으며 매개변수는 [표 2-8]과 같다.

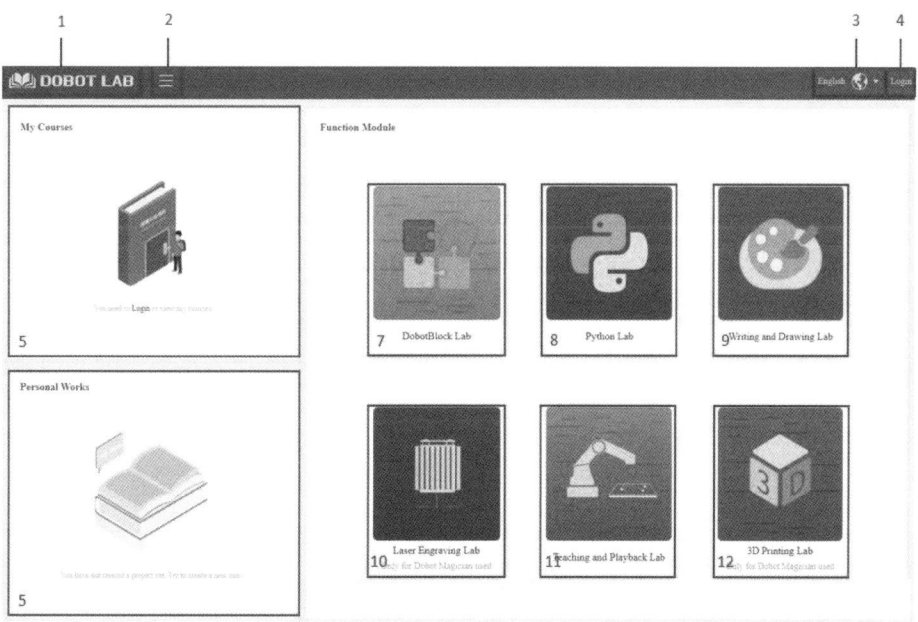

[그림 2-27] DobotLab

No	Modules	설명
1	Main page	DobotLab 메인 페이지로 복귀 버튼
2	Menu	Currency: 메인 페이지를 위한 가이드라인 Help: DobotLab에 관한 문서 보기 및 다운로드 Feedback: DobotLab 사용에 관한 피드백 작성 About: DobotLab에 대한 기본적인 정보 보기
3	Language	언어 설정(중국어 혹은 영어)
4	Login	신규 사용자 등록. 계정 및 비밀번호를 사용한 로그인
5	My Course	무료 온라인 강의 제공
6	Personal Works	프로젝트 저장 및 보기
7	DobotBlock Lab	블록 프로그래밍을 통한 Magician Lite 제어
8	Python Lab	파이썬 프로그래밍을 통한 Magician Lite 제어
9	Writing and Drawing Lab	Magician Lite가 글을 쓰고 그림을 그리도록 제어
10	Laser Engraving Lab	레이저를 사용하여 객체에 비트맵 이미지 작성
11	Teaching and Playback Lab	Magician Lite에게 움직이는 법을 가르친 뒤, 동작을 기록하여 재생
12	3D Printing Lab	3D 프린팅 수행

[표 2-8] 매개변수

(2) DobotLab 설치

설치하는 방법은 다음과 같은 순서로 한다.

① Step 1

먼저 DobotLabSetup.exe 프로그램을 실행시킨다.

② Step 2

[그림 2-28]와 같이 선택하고 다음을 누른다.

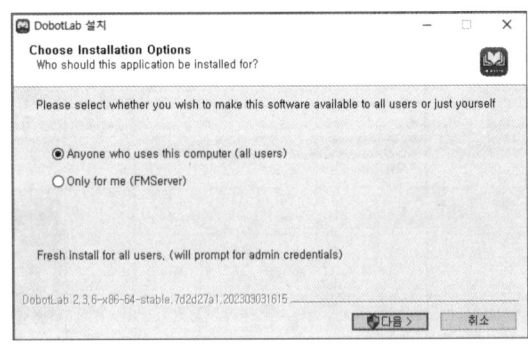

[그림 2-28] 프로그램 실행

③ Step 3

[그림 2-29]와 같이 원하는 설치 폴더를 정하고 설치를 누른다.

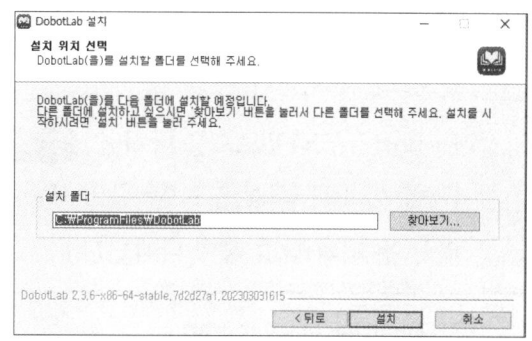

[그림 2-29] 설치 폴더

④ Step 4

설치가 완료되면 [그림 2-30]과 같이 마침을 누르고 설치 프로그램을 종료한다.

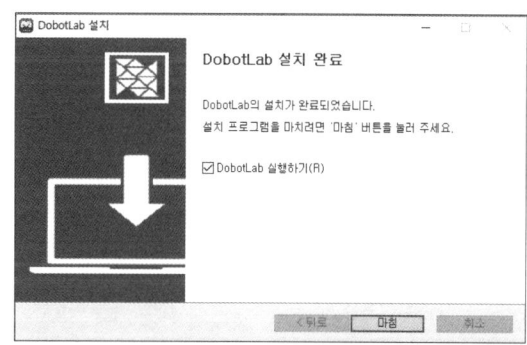

[그림 2-30] 설치 완료

⑤ Step 5

[그림 2-31]는 설치가 완료된 화면이다.

[그림 2-31] 완료 화면

2) DobotLink

DobotLink는 DobotLab 하드웨어 디바이스의 드라이버 소프트웨어이므로 하드웨어 디바이스를 사용하기 전에 DobotLink를 설치하고 실행해야 한다.

(1) 설치

DobotLab에 들어가서 DobotLink가 설치되지 않았거나 시작되지 않은 경우 [그림 2-32]와 같이 "DobotLink is not started" 창이 나타난다.

[그림 2-32] DobotLink is not started

① 만약 DobotLink를 다운로드하지 않았다면, ⬇ Download DobotLink 를 클릭하여 다운로드를 진행한다.

② DobotLink 다운로드를 마치면, Start 를 누른다.

[그림 2-33]과 [그림 2-34]와 같이 "DobotLink failed to start"와 "OpenDobotLink?"라는 두 개의 팝업 창이 나타난다.

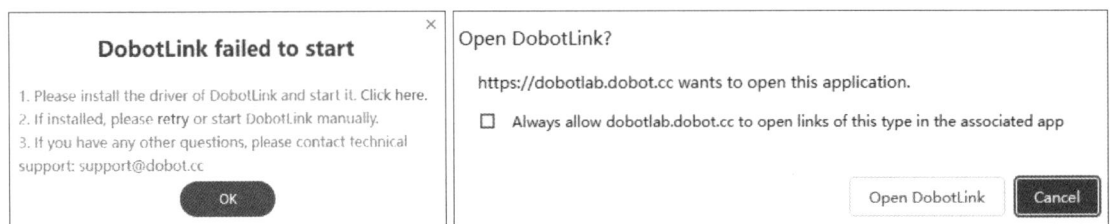

[그림 2-33] DobotLink failed to start   [그림 2-34] OpenDobotLink

③ Open DobotLink를 클릭하면 [그림 2-35]와 같이 "DobotLink started successfully"가 표시된다.

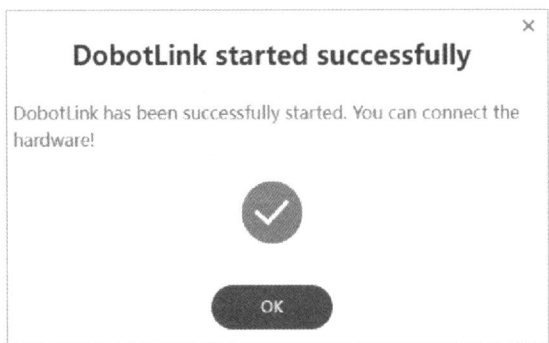

[그림 2-35] DobotLink started successfully

4. 개발 환경 구축

DobotBlock Lab은 프로그래밍 경험이 없는 사용자를 위해 특별히 설계되었으며, 연구실에서 블록을 드래그하여 AI 프로그래밍 작업을 완료할 수 있다.

1) 주요 인터페이스

먼저 DobotBlock Lab의 주요 인터페이스는 [그림 2-36]과 같으며 [표 2-9]에 매개변수가 설명되어 있다.

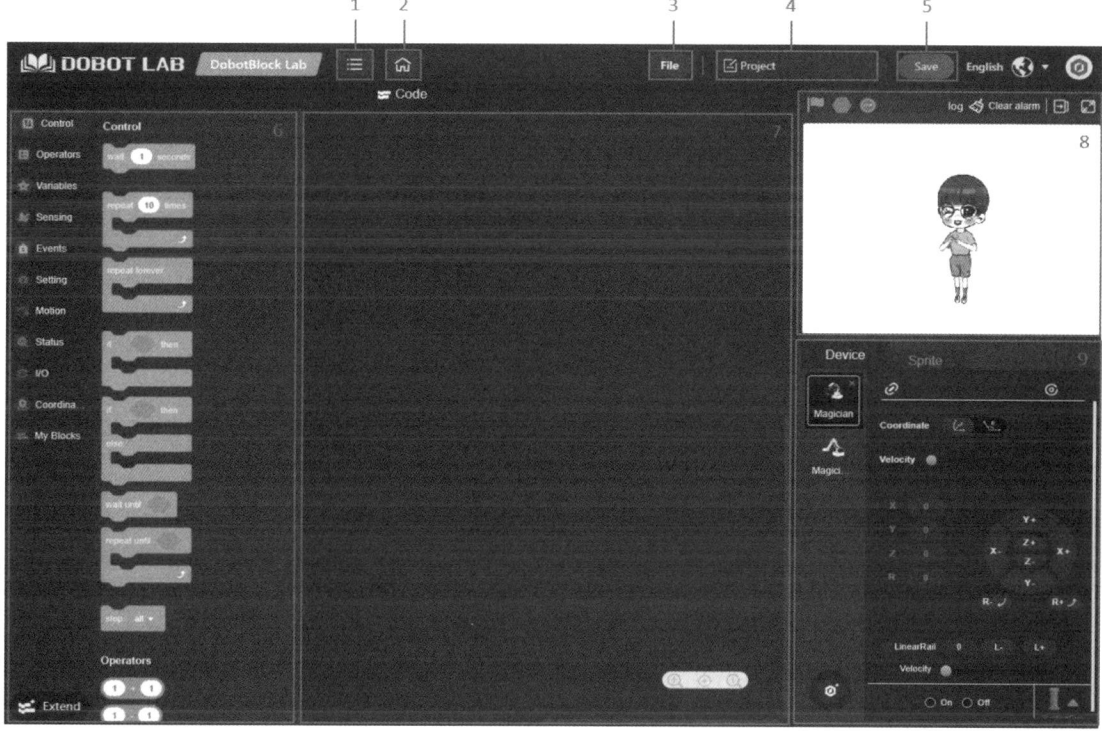

[그림 2-36] 주요 인터페이스

No	Function	설명
1	Menu	• Currency: DobotLab을 위한 가이드라인 • Help: DobotLab에 관한 문서 보기 및 다운로드 • Feedback: DobotLab 사용에 관한 피드백 작성 • About: DobotLab에 대한 기본적인 정보 보기
2	Home	• DobotLab 메인 페이지로 이동
3	File	• 새로 만들기, 열기, 다른 이름으로 저장, 로컬에서 업로드 등의 기능
4	Project name	• 현재 프로젝트의 이름

No	Function	설명
5	Save	• **My Works**에 현재 프로젝트 저장
6	Block area	• 제어, 연산자, 변수, 통신, 확장 모듈의 블록 등 일반 모듈을 포함한 프로그래밍을 위한 블록 제공
7	Code area	• 블록을 영역으로 끌어와 프로그램 편집
8	Display area	• 역할 및 해당 프로그래밍 작업 표시 ■ : 프로그램 실행 ⬣ : 프로그램 실행 중지 ◉ : 비상시 작동 중지 버튼 🧹 Clear alarm : 알람 지우기 ▣ : 레이아웃 전환 ⬈ : 전체 화면 모드
9	Control area	• Device: 장치 선택 및 연결. 좌표계, 속도, 엔드 툴 등을 설정 • Sprite: 스프라이트 및 배경 추가 및 설정

[표 2-9] 매개변수

2) Device and Extension

(1) 운영 방법

DobotLab은 여러 개의 Dobot 하드웨어 장치를 지원한다. 장치를 DobotLab에 연결하기 전에 DobotLink를 설치하고 실행해야 한다.

본문에서는 Magician Lite + Magic Box를 예로 들어 DobotBlock Lab의 기본적인 운영을 소개한다. 설치하는 순서는 다음과 같다.

① Step 1

DobotLab의 메인 페이지에서 ■ 버튼을 눌러 [그림 2-37]과 같이 DobotBlock Lab으로 진입한다.

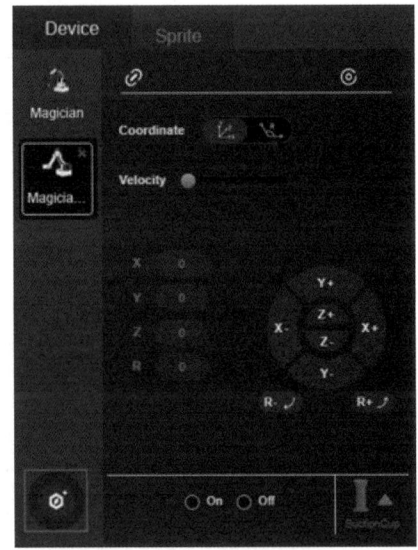

[그림 2-37] DobotBlock Lab

② Step 2

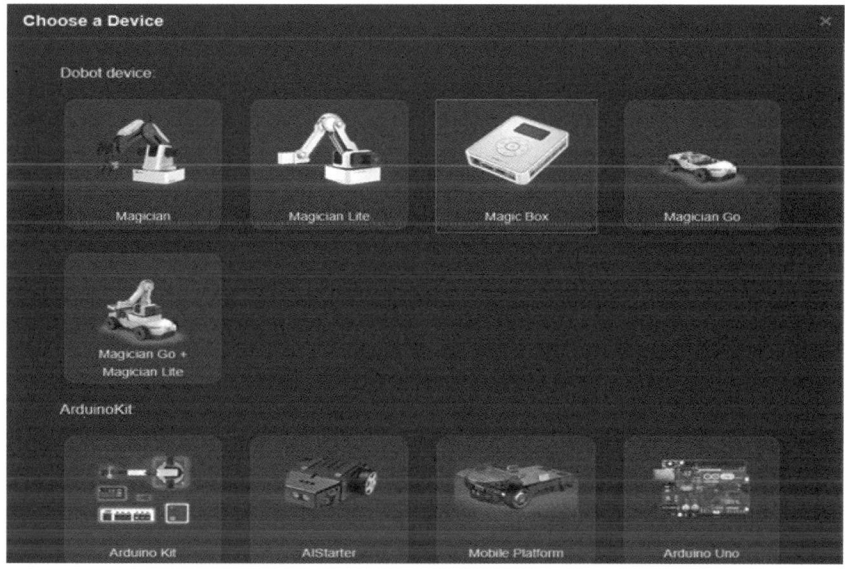를 클릭한 후 [그림 2-38]과 같이 "Choose a Device" 페이지에서 Magic Box를 선택한다.

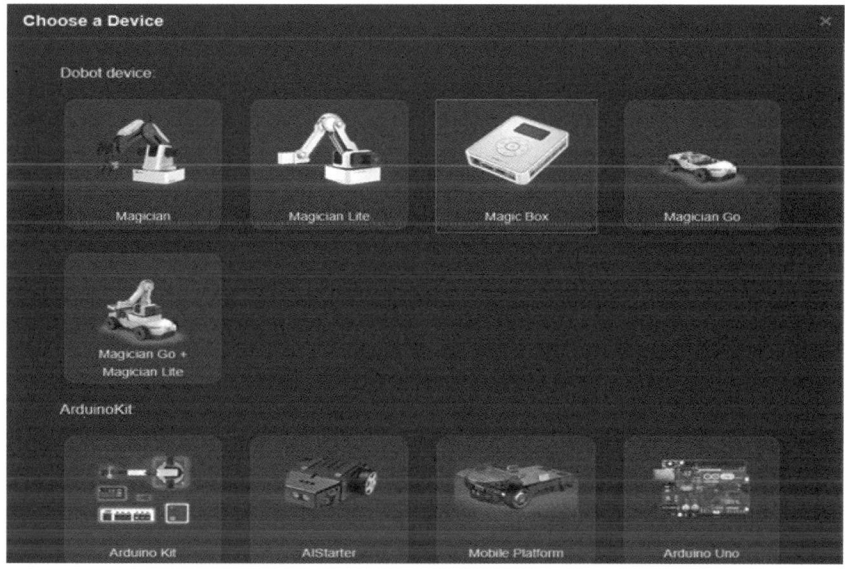

[그림 2-38] Choose a Device

③ Step 3

[그림 2-39]와 블록 영역의 왼쪽 하단에 있는 ＊ Extend 를 클릭하여 "Choose an Extension" 페이지로 들어가면 Magician Lite를 선택하고 Add extension를 클릭한다.

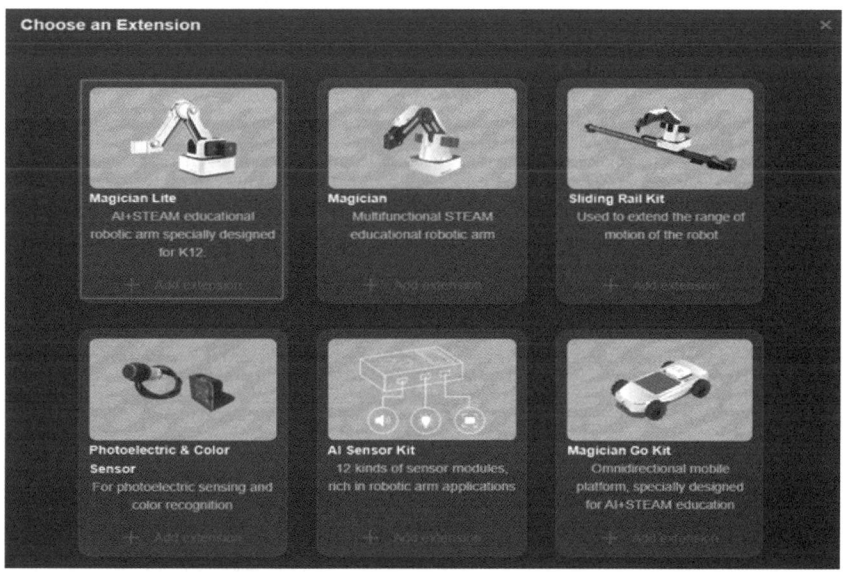

[그림 2-39] Choose an Extension

④ **Step 4**

[그림 2-40]와 같이 Magic Box 탭에서 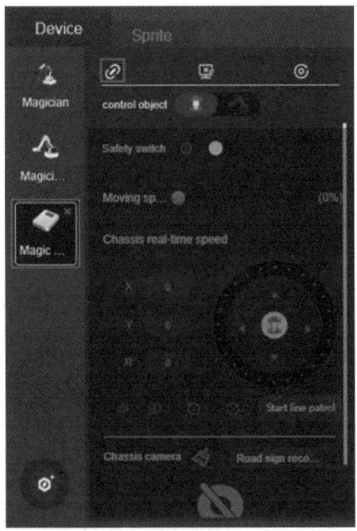를 클릭한다.

[그림 2-40] Magic Box

⑤ **Step 5**

[그림 2-41]과 같이 Connect를 클릭한다.

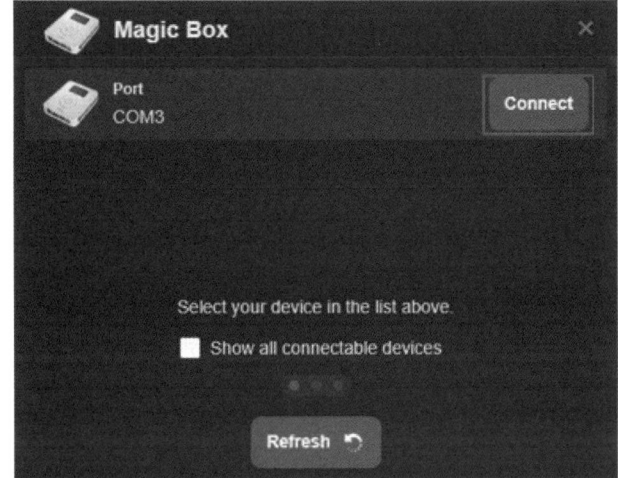

[그림 2-41] Connect

Magic Box와 DobotLab이 성공적으로 연결되면 [그림 2-42]와 같은 화면이 나타난다.

[그림 2-42] Magic Box와 DobotLab연결

⑥ Step 6

제어 영역에서 컨트롤 개체를 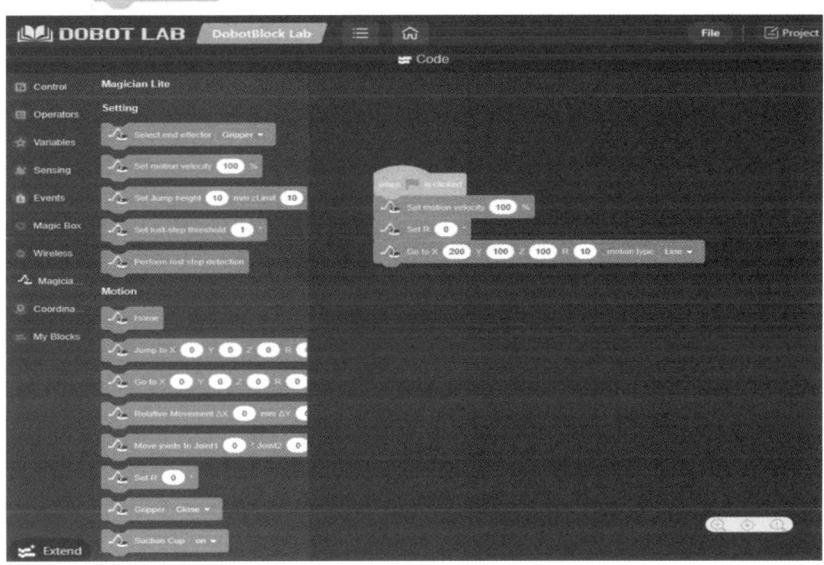(자동차)에서 (로봇)으로 전환한다.

⑦ Step 7

Magician Lite + Magic Box를 DobotLab에 연결한 후 블록을 블록 영역에서 코드 영역으로 드래그하여 프로그래밍할 수 있다.

⑧ Step 8

실제 요구 사항에 따라 각 블록에 해당하는 파라미터를 설정한다.

블록으로 편집된 프로그램을 실행하려면 트리거 조건이 필요하므로 이벤트 블록에서 명령을 트리거 조건으로 선택해야 한다.

[그림 2-43]의 when clicked 는 를 클릭하면 프로그램이 실행되는 것을 의미한다.

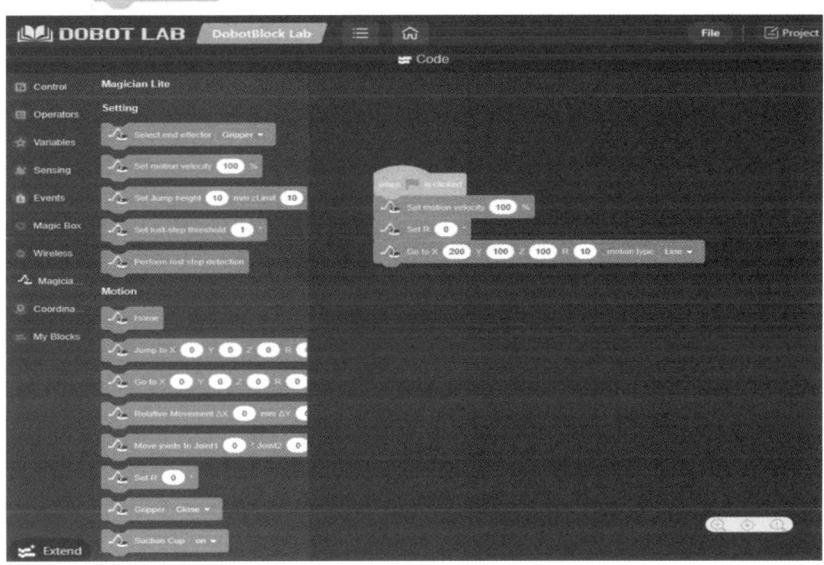

[그림 2-43] DobotLab

⑨ Step 9 (선택 사항)

Save 를 클릭한 후 [그림 2-44]와 같이 프로젝트 이름을 입력하여 프로젝트를 My Works에 저장한다.

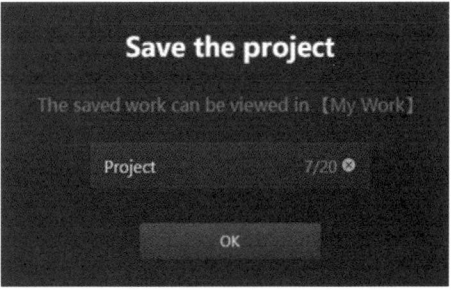

[그림 2-44] Save the project

3) Python Lab

DobotLab은 여러 개의 Dobot 하드웨어 장치를 지원한다. 장치를 DobotLab에 연결하기 전에 DobotLink를 설치하고 실행해야 한다.

(1) Interface

Python Lab의 주요 인터페이스는 [그림 2-45]와 같으며 [표 2-10]에 매개변수들이 설명되어 있다.

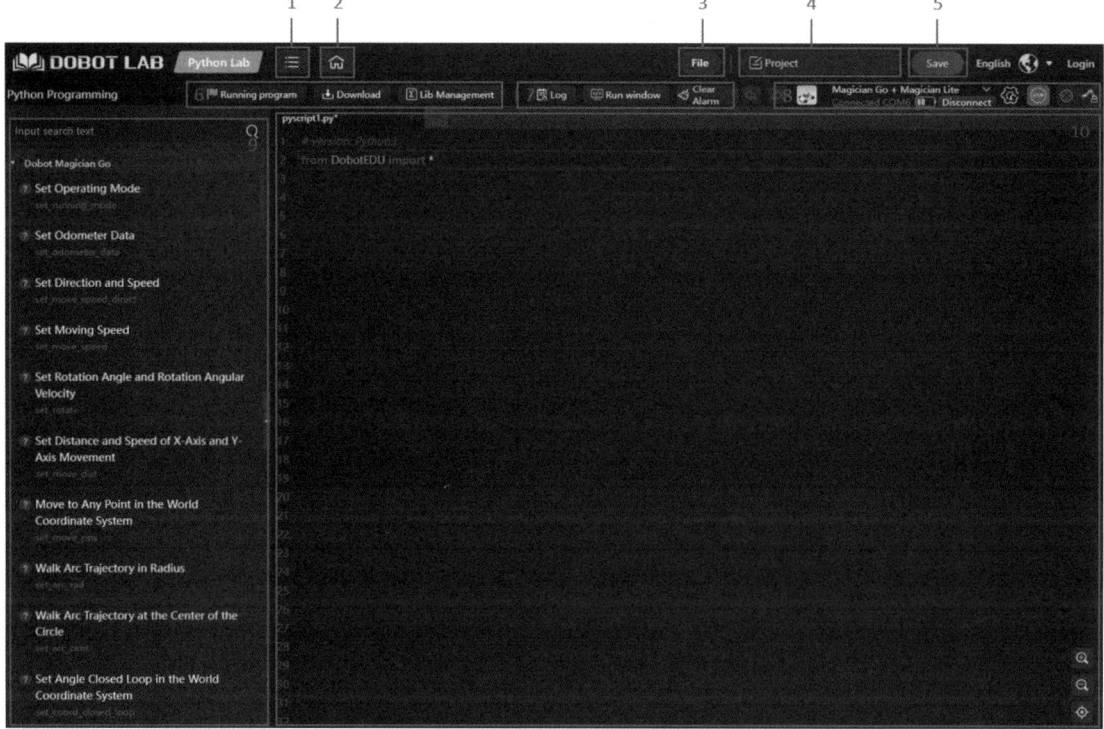

[그림 2-45] Python Lab의 주요 인터페이스

No.	Function	설명
1	Menu	• Currency: Python Lab을 위한 가이드라인 • Help: DobotLab에 관한 문서 보기 및 다운로드 • Feedback: DobotLab 사용에 관한 피드백 작성 • About: DobotLab에 대한 기본적인 정보 보기
2	Home	• DobotLab 메인 페이지로 이동

No.	Function	설명
3	File	• 새로 만들기, 열기, 다른 이름으로 저장, 로컬에서 업로드 등의 기능 • Import와 Upload from Local은 Python Lab에서 스크립트 파일을 열 때 사용할 수 있지만 Import의 경우 파일이 .py 형식이어야 하며 Upload from Local의 경우 파일이 .json 형식이어야 함. • Export와 Save to Local의 형식 요구 사항은 각각 Import와 Upload from Local과 같음.
4	Project name	• 현재 프로젝트의 이름
5	Save	• My Works에 현재 프로젝드 저장
6	Program control	• ▶ Running program : 코드 영역에서 프로그램 실행을 시작하면 화면에 Stop 가 나타남. • ⬇ Download : 현재 프로그램을 Magic Box로 다운로드 • Σ Lib Management : Python 확장 라이브러리를 설치하면 확장 라이브러리의 함수를 호출 가능
7	Running information	• Log: 알람 정보를 표시. Clear Alarms를 클릭하거나 Clear Alarm 를 클릭하여 알람 삭제 • Run window: 실행 과정을 표시
8	Display control	• : 대상 장치를 선택하고 장치와 통신 연결을 설정 • : 비상 작동 중지 • : Control Magician Go • : Control Dobot Magician or Magician Lite
9	Command list	• 프로그래밍 명령을 제공 • 명령을 두 번 클릭하여 코드 영역에 해당 코드를 표시
10	Code area	• Python을 사용하여 프로그램 편집

[표 2-10] 매개변수

① **Python Programming**

　Magician Go+Magician Lite를 예로 들어 Python 프로그래밍의 동작을 소개한다.

가) 절차

　㉠ Step 1

　　DobotLab 메인 페이지에서 PythonLab에 들어간다.

ⓛ Step 2

[그림 2-46]와 같이 장치 연결 패널의 드롭다운 목
록을 클릭한 후 Magician Go+ Magician Lite를
선택하고 연결을 클릭한다.

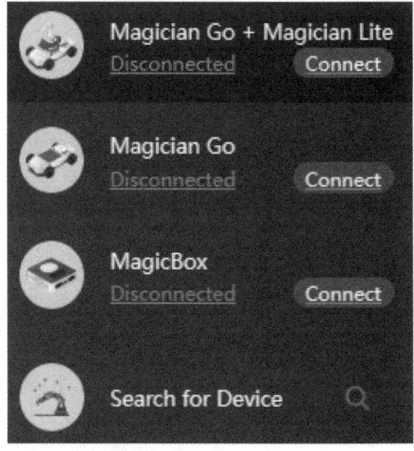

[그림 2-46] Magician Go+Magician Lite

이제 DobotLab은 [그림 2-47]과 같이 Magician
Go+Magician Lite에 성공적으로 연결되었다.

[그림 2-47] 인터페이스 연결

ⓒ Step 3

프로그램 편집을 시작한다. 명령어 목록에서 명령어를 더블클릭하면 해당 코드가 코
드 영역에 표시된다. 실제 필요에 따라 파라미터를 수정할 수 있다.
코드 영역에 직접 스크립트를 입력할 수도 있다.

ⓡ Step 4

[그림 2-48]과 같이 **🏳 Running program** 를 눌러 현재 프로그램을 실행한다.

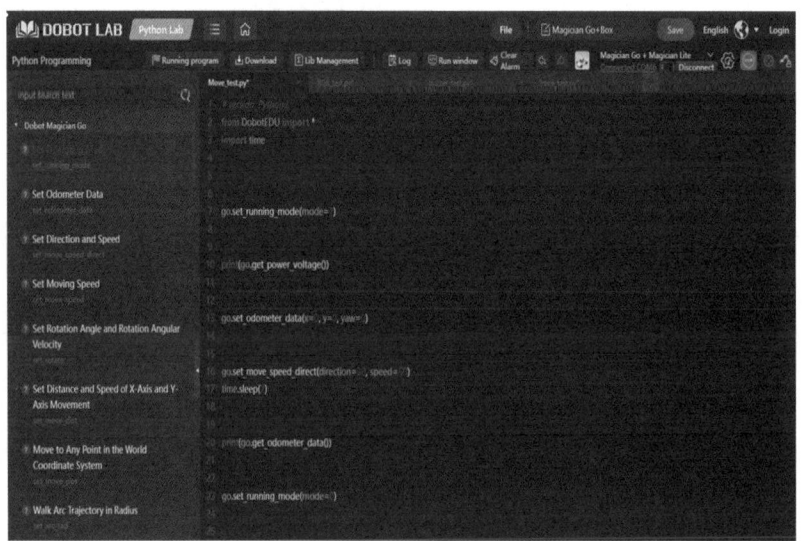

[그림 2-48] 프로그램 실행

ⓜ Step 5

[그림 2-49]와 같이 `Save` 를 클릭한 후 프로젝트 이름을 입력하여 프로젝트를 My Works에 저장한다.

[그림 2-49] Save the project

ⓑ Step 6 (선택 사항)

Magic Box에 스크립트를 다운로드하려면 `⬇ Download` 를 클릭한다.

(2) 동기화(관리 계정) 방법

동기화를 하기 위해서는 관리자 계정을 만들고 이용해야 한다. 관리자 계정은 DobotLab 서 버에서 생성된다. 계정을 얻으려면 Dobot에 문의하면 된다. 지금부터 yuejiang_004를 예로 들어 관리자 계정의 기능을 소개한다.

① 절차

ⓐ Step 1

[그림 2-50]의 `Login` 를 눌러 "DOBOT LAB login" 페이지에 접속한다.

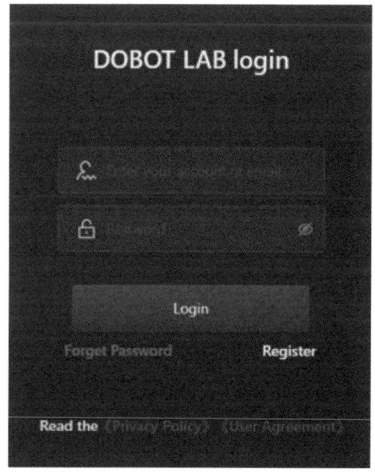

[그림 2-50] DOBOT LAB login

ⓛ Step 2

[그림 2-51]와 같이 계정과 암호를 입력한 다음 로그
인을 클릭한다.

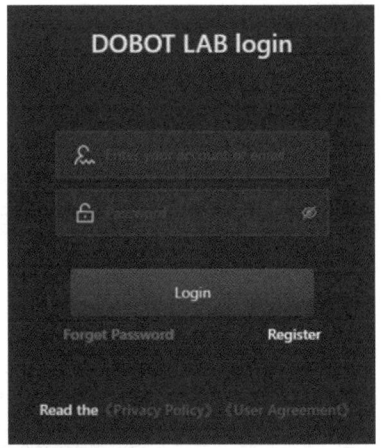

[그림 2-51] 로그인

ⓒ Step 3

[그림 2-52]와 같이 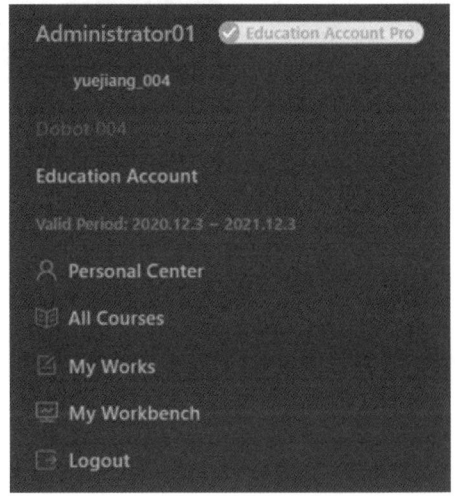를 클릭하면 관련 정
보 확인이 가능하다.

참고로 Account는 학교, 유효 기간을 의미하며
Authority는 Personal Center, All courses,
My Works, My Workbench를 의미한다.

[그림 2-52] 관련 정보

② Personal Center

ⓐ [그림 2-53]와 같이 Personal Center를 클릭
한다.

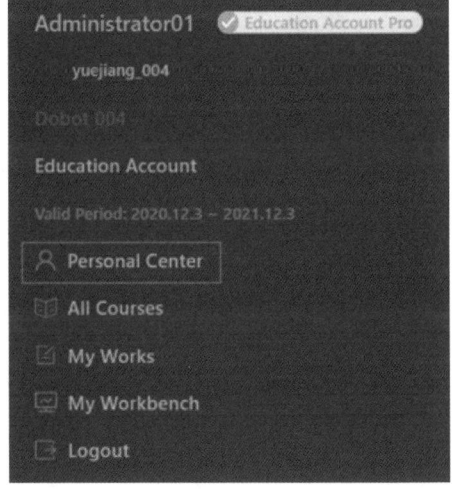

[그림 2-53] Personal Center

ⓛ [그림 2-54]의 Personal Data에서는 개인 데이터에서 기본 계정 정보를 볼 수 있다. 프로필 사진, 닉네임, 이메일 또는 국가를 수정해야 할 경우 수정하기를 클릭한다.

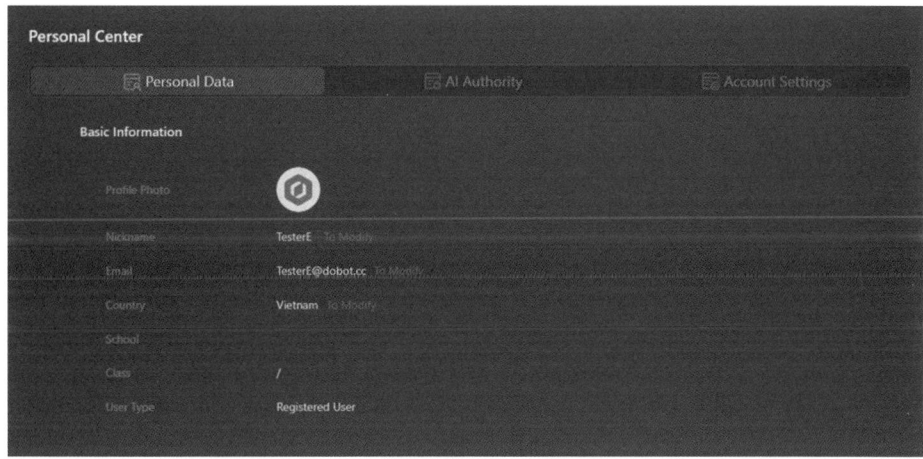

[그림 2-54] Personal Data

ⓒ [그림 2-55]의 AI Authority에서는 AI 데이터의 사용 현황을 볼 수 있다.

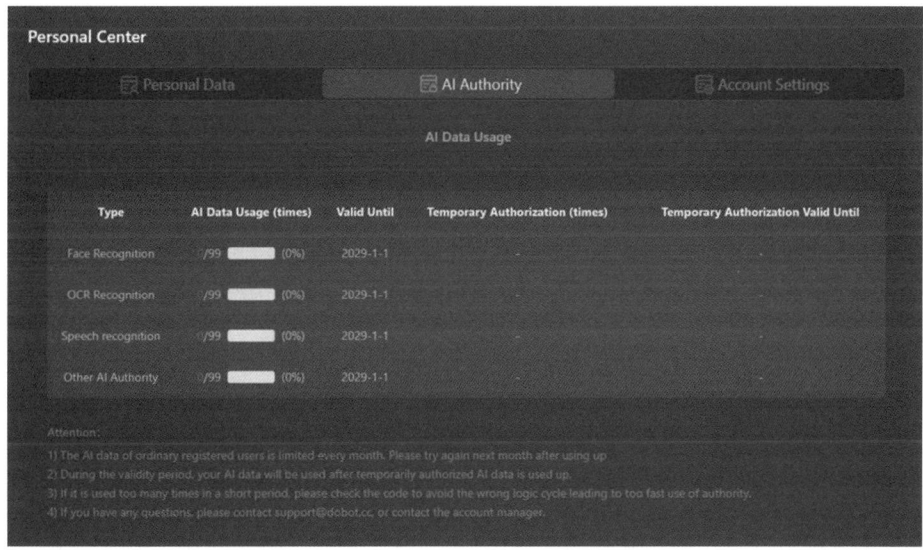

[그림 2-55] AI Authority

AI 데이터 사용량은 [그림 2-56]과 같이 Dobot Block Lab에서 프로그램이 실행 중일 때 AI 블록이 호출된 횟수 또는 Python Lab에서 프로그램이 실행 중일 때 AI 또는 Image recognition 명령이 호출된 횟수를 계산한다.

(3) DobotBlock Lab

각 유형의 AI 데이터에 해당하는 AI 블록을 설명하면 [그림 2-56]과 같다.

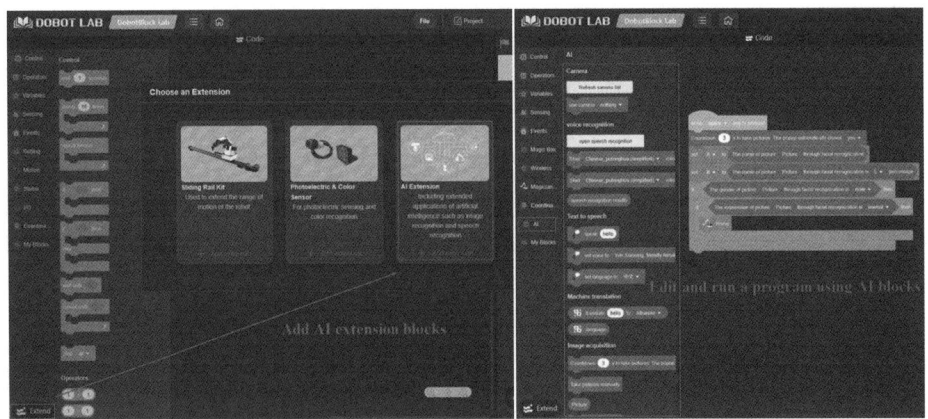

[그림 2-56] DobotBlock Lab

① 각각의 기능은 다음과 같다.

　㉠ Face recognition: 얼굴 인식 블록

　㉡ OCR recognition: OCR 텍스트 인식 및 OCR ID 카드 식별 블록

　㉢ Speech recognition: 텍스트 대 음성 및 음성 인식 블록

　㉣ Other AI authority(기타 AI 권한): 감정 성향 분석 및 기계 번역 블록

② **Python Lab의 화면 구성은 [그림 2-57]과 같다**

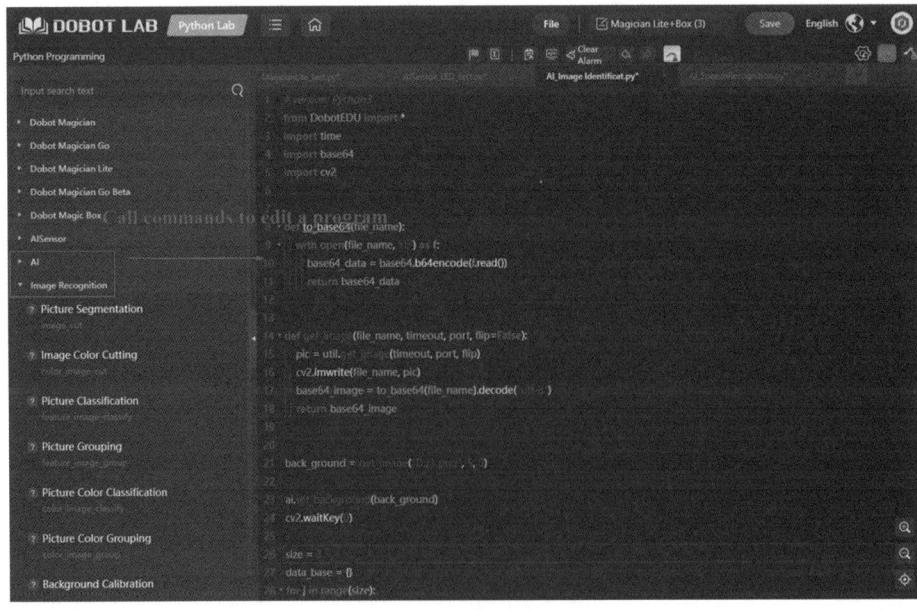

[그림 2-57] Python Lab

[그림 2-58]과 같이 계정 설정(Account Settings)에서 비밀번호를 수정하거나 계정을 취소할 수 있으며, 취소 후에는 로그인할 수 없고 해당 개인정보는 삭제된다.

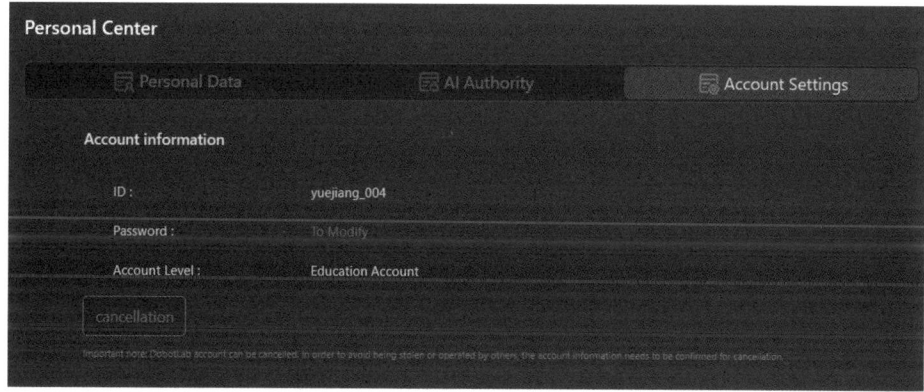

[그림 2-58] 계정 설정(Account Settings)

③ All Courses는 다음 순서로 설정한다.

　㉠ Step 1

　　[그림 2-59]와 같이 All Courses를 클릭한다.

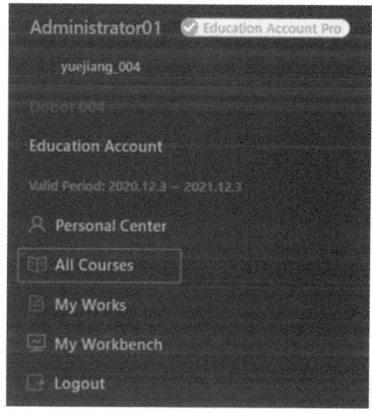

[그림 2-59] All Courses

　㉡ Step 2

　　[그림 2-60]과 같이 Choose Category를 눌러 교육 과정을 본다.

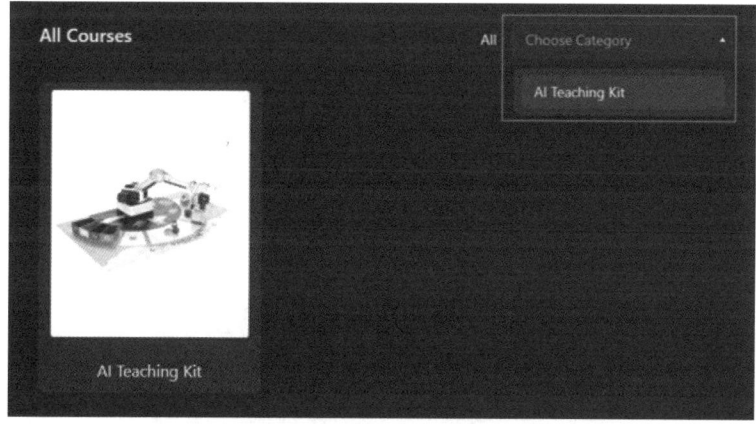

[그림 2-60] Choose Category

ⓒ Step 3

[그림 2-61]의 교육 과정을 클릭하여 해당 과정 페이지를 입력한다. 예를 들어, AI Teaching Kit을 선택하면 아래 페이지가 표시되며, Start Experiment를 클릭하여 과정을 보고 학습할 수 있다.

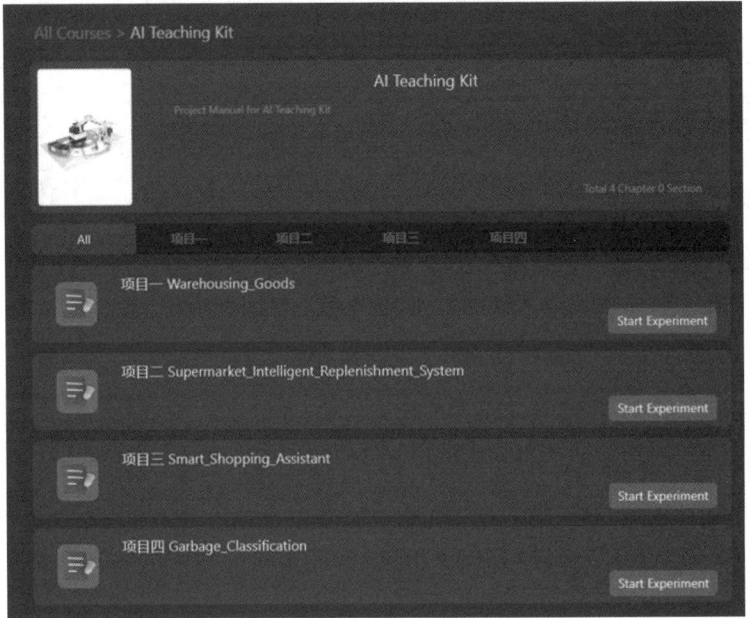

[그림 2-61] Start Experiment

④ My Works

[그림 2-62]와 같이 My Works를 클릭한다.

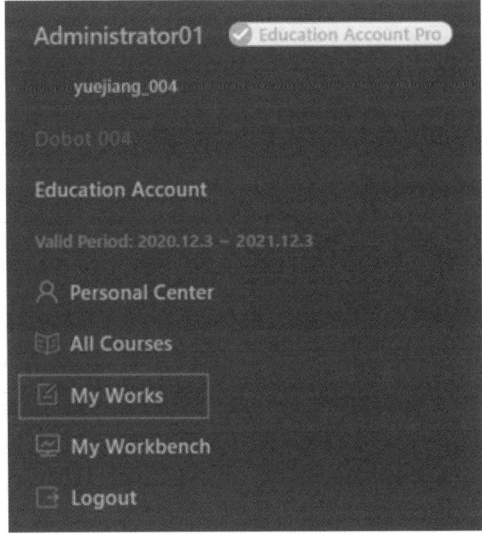

[그림 2-62] My Works

ㄱ [그림 2-63]과 같이 내 작업 페이지에서 프로젝트 이름을 입력하여 이전에 저장한 작업을 검색하거나, Choose Lab 드롭다운 목록을 클릭하여 실험실 유형에 따라 검색할 수 있다.

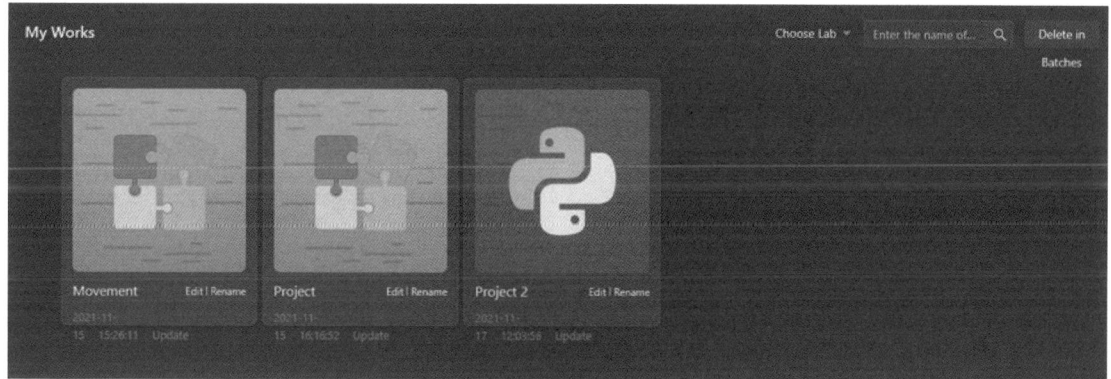

[그림 2-63 Choose Lab]

ㄴ [그림 2-64]와 같이 작업을 삭제해야 할 경우, 작업의 오른쪽 상단에 있는 ⊖를 클릭하거나, Delete in Batches를 클릭한 후 작업을 선택하고 Confirm deletion을 클릭한다.

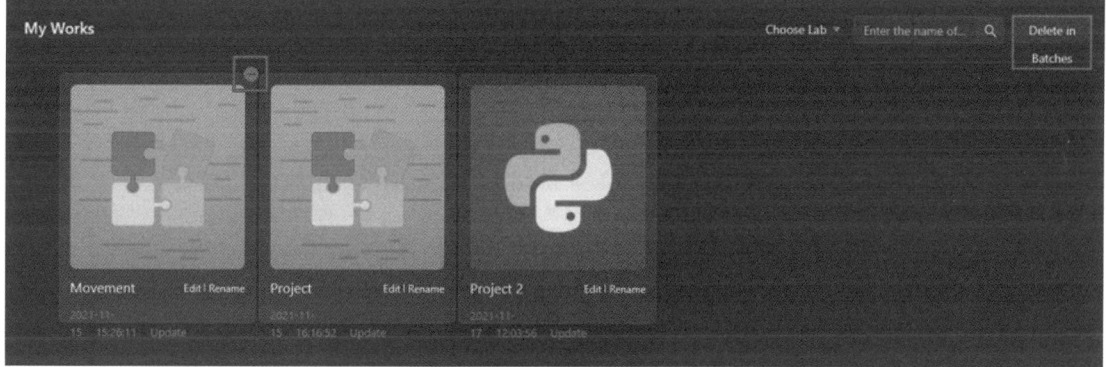

[그림 2-64] Delete in Batches

(3) 동기화(학생 계정) 방법

학생 계정은 기존 관리자 계정과 겹치는 부분을 제외하고 설명하도록 한다. 학생은 본인의 작업물이나 개인정보 등을 관리할 뿐만 아니라, 과제물을 관리하거나 자신의 학습 점수를 확인할 수도 있다.

① 과정

ㄱ Step 1

[그림 2-65]와 같이 My Homework를 클릭한다.

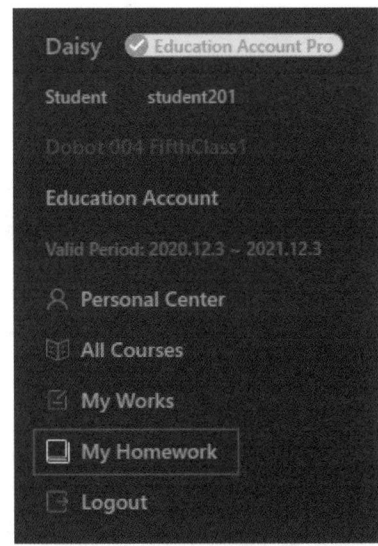

[그림 2-65] My Homework

ㄴ Step 2

[그림 2-66]과 같이 Do Homework를 클릭하여 과제를 수행한다.

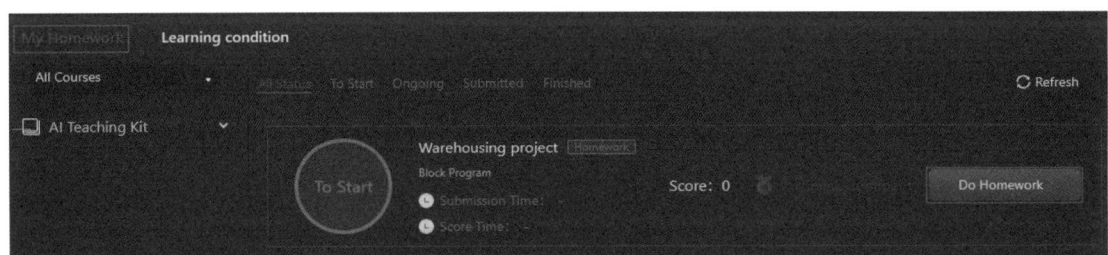

[그림 2-66] Do Homework

ㄷ Step 3

[그림 2-67]과 같이 숙제의 요구 사항에 따라 프로그램을 편집한다.

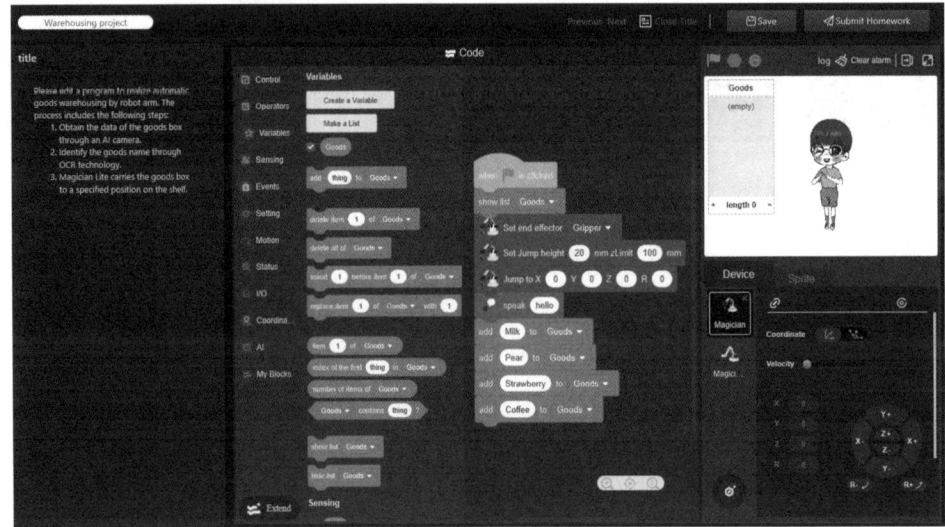

[그림 2-67] 요구 사항

ㄹ Step 4

[그림 2-68]과 같이 Submit Homework을 클릭하면 과제 상태가 Submitted로 바뀐다.

[그림 2-68] Submit Homework

② Learning Condition [그림 2-69]와 같이 Learning condition을 클릭하여 과제 세부 정보와 평균 점수를 볼 수 있다.

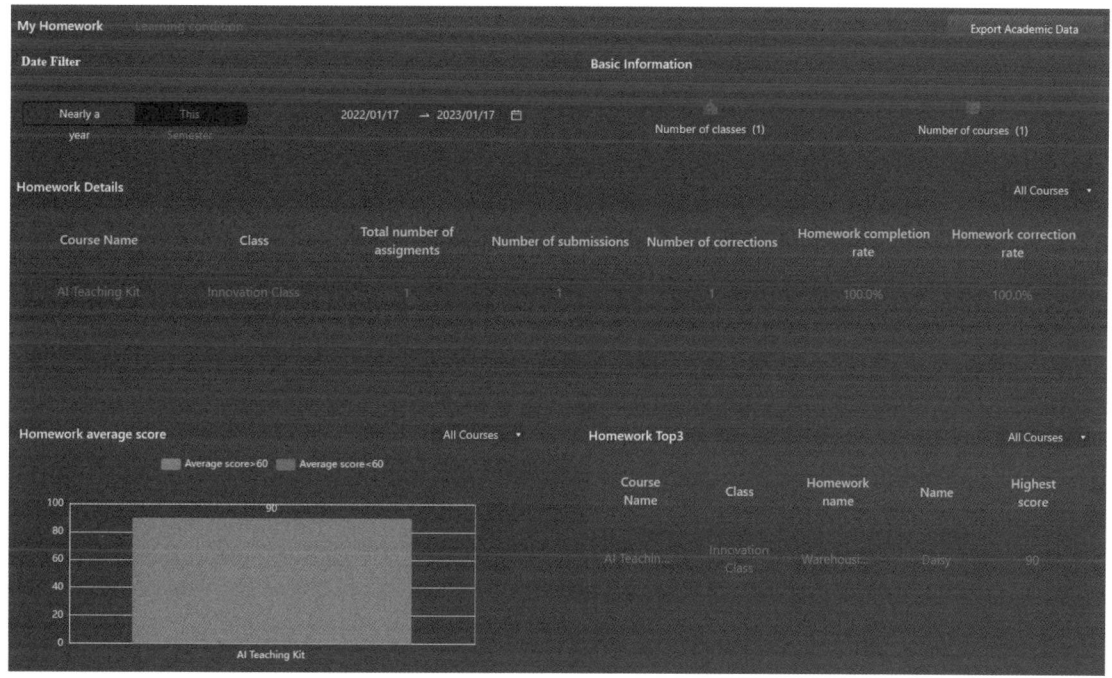

[그림 2-69] Learning Condition

블록코딩과 파이썬 이해

1. 블록코딩 특성과 개발 환경
2. Dobot 블록코딩 설정
3. 파이썬 함수

3장 블록코딩과 파이썬 이해

1. 블록코딩 특성과 개발 환경

Dobot을 제어할 때 사용한 방법은 여러 가지 방법이 있다. 그중에서 블록코딩을 이용하는 방법에 대해서 설명한다.

1) Block Coding

Block Coding(이하 블록코딩)은 진입 장벽이 높은 C, C++, Pyhon이나 Java와 같은 텍스트 기반 언어를 대신하여 개발된 코딩 기법이다.

즉 기존의 텍스트 기반 컴퓨터 명령이 애니메이션이나 게임과 같은 프로그램을 만들기 위해 미리 프로그래밍된 블록들을 드래그 앤 드롭(drag & drop)하는 프로그래밍의 한 요소이다

[그림 3-1]과 같이 블록코딩은 텍스트 기반 프로그래밍에서 필수적으로 알아야 하는 명령어와 구두점의 순서 및 필수 구문 등에 주의할 필요가 없기에 더 간편하게 사용할 수 있다.

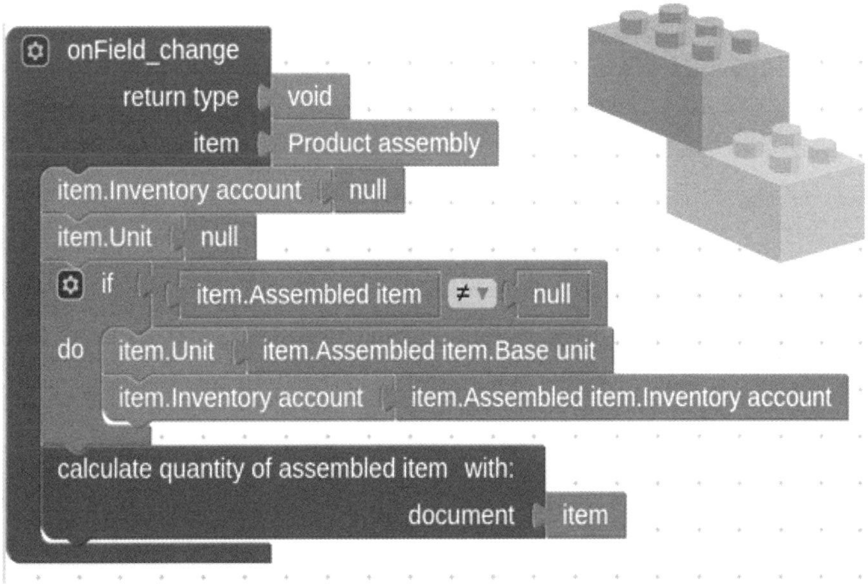

[그림 3-1] 블록코딩

(1) 예시

블록코딩과 같은 시각적 프로그래밍은 주로 프로그래밍을 시작한 지 얼마 되지 않거나 비전 공자들이 많이 사용한다. 접근성이 높고 빠르다는 장점이 있기 때문이다. 그 대표적인 주자가 바로 Scratch와 Entry이다.

① Scratch

[그림 3-2]와 같이 Scratch는 MIT에서 학생들의 S/W 교육을 위해 개발한 프로그램이다. 이러한 프로그램은 진입 장벽이 높은 프로그래밍 방식에서 보다 사용하기 쉬운 블록형 코딩을 통해 누구나 쉽게 S/W가 동작하는 원리나 알고리즘을 이해할 수 있게 하는 것이 그 목적이다.

그리고 스프라이트라는 방식을 통해 여러 캐릭터, 사운드, 슬라이드 무대 등을 꾸미며 여러 콘텐츠를 제작할 수 있다.

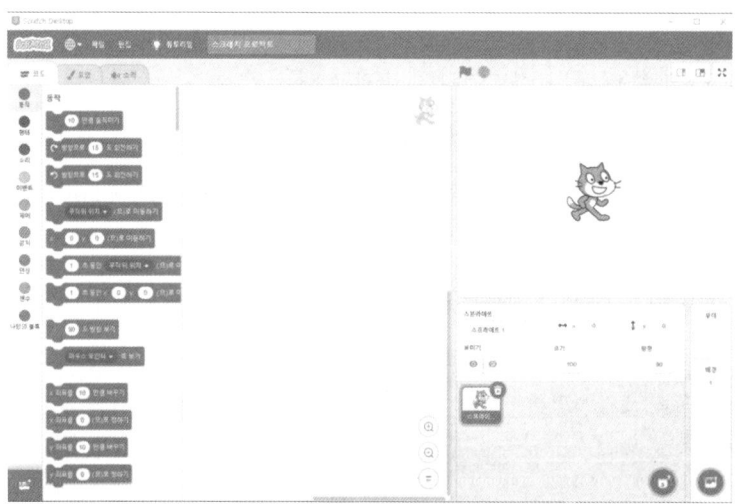

[그림 3-2] Scratch

② Entry

[그림 3-3]과 같이 엔트리는 자바 스크립트(Java Scrip)를 기반으로 하여 PC뿐만 아니라 모바일 환경에서도 쉽게 블록코딩을 할 수 있다. 인터페이스는 Scratch와 굉장히 유사하며 기본적인 사용 방법은 여타 프로그램과 큰 차이는 없다.

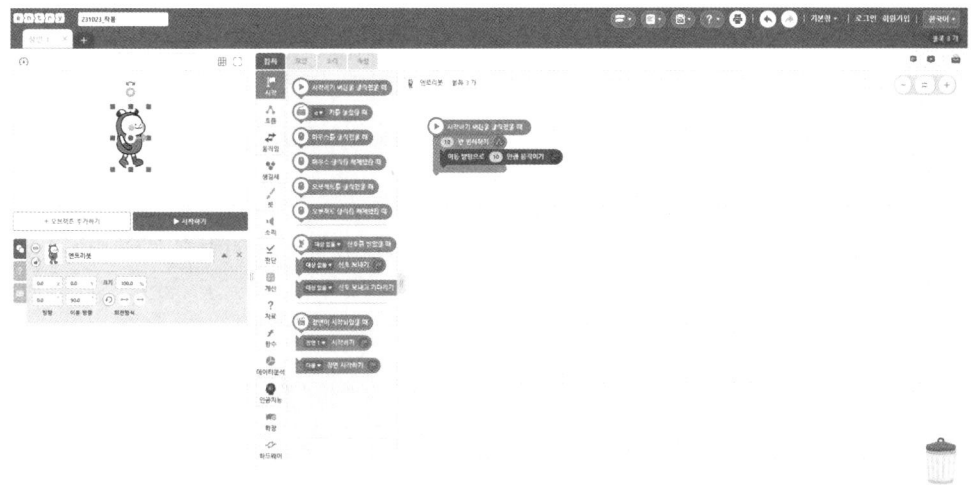

[그림 3-3] 엔트리

2) Dobot의 DobotBlock Lab

[그림 3-4]과 같이 실습에 사용할 DobotBlock Lab도 블록코딩이라는 카테고리 안에 포함되어 있는 만큼 그 장점들을 그대로 가져왔다. 사용하기 간단하고, 시각적으로 보여 주기에 직관적이다.

그러나 DobotBlock Lab은 로봇 팔의 제어를 위해 만들어진 프로그램인 만큼, 블록들의 종류나 인터페이스 등이 로봇 팔 제어에 특화되어 있다.

그뿐만 아니라 이미 학습되어 있는 AI 모듈이나 센싱, 아두이노와의 연결 등 다양한 실습을 하기 위해 특화된 프로그램이라 할 수 있다.

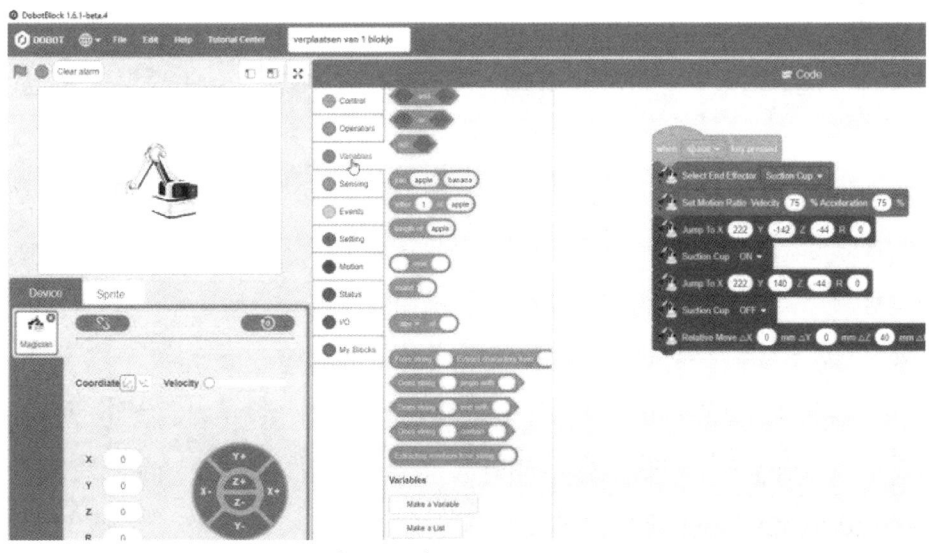

[그림 3-4] DobotBlock Lab

(1) Blocky Programming

DobotBlock Lab은 프로그래밍 초보자를 위해 특별히 설계되었으며, Dobot Magic Lite의 움직임을 제어하기 위해 블록을 드래그하여 프로그래밍할 수 있다.

① 요구 사항

Dobot Magician Lite의 전원이 켜져 있고 DobotLab에 연결되어 있어야 한다.

② 사용 절차

㉠ 1단계

[그림 3-4]와 같이 DobotLab 메인 페이지에 있는 ▦를 클릭하여 DobotBlock Lab에 들어간다.

㉡ 2단계

[그림 3-5]의 ⊘를 클릭한다. 이후 "Choose a Device" 페이지에서 Magician Lite를 선택한다.

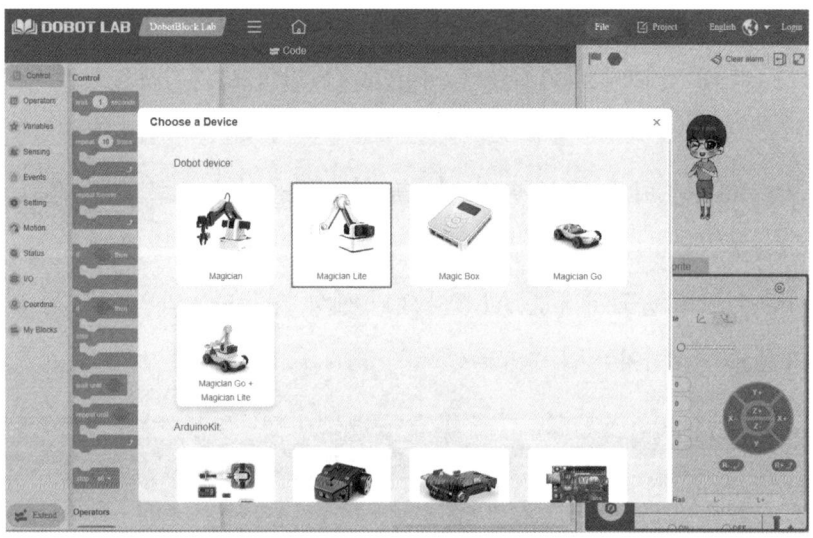

[그림 3-5] 메인 페이지

㉢ 3단계(Optional)

[그림 3-6]의 블록 구역의 왼쪽 하단 구석에 있는 ⛷ Extend 를 클릭하여 "Choose an Extension" 페이지에 들어간다. 필요에 따라 일치하는 확장자를 선택하고, 프로그램을 할 때 직접 불러오려면 [그림 3-7]과 같이 Add extension을 클릭한다.

Choose an Extension

AI Extension
This is an extension of
Magician and control box

+ Add extension

[그림 3-6] Choose an Extension

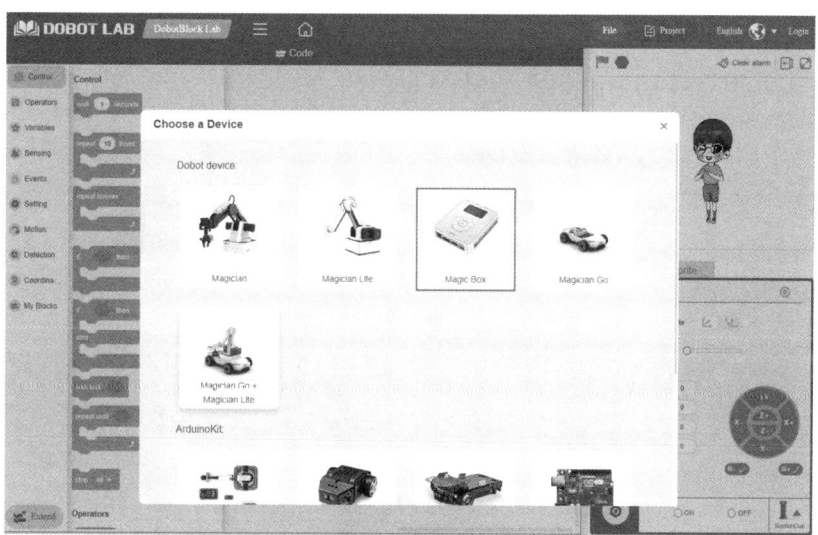

[그림 3-7] Add extension

📖 NOTE

Magician Lite를 사용할 때 Magic Box를 연결해야 하는 경우 ⊙ 를 클릭한 후 2단계에서 Magic Box를 선택한다. 또한, 3단계에서 Magician Lite를 선택해야 한다.

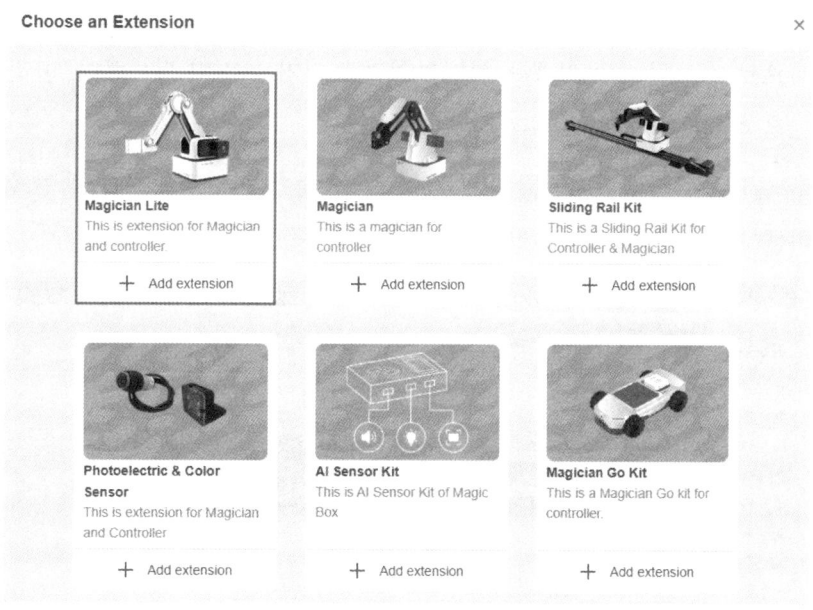

[그림 3-8] Magician Lite 구성

ㄹ 4단계

[그림 3-8]과 같이 왼쪽 상단에 있는 Magician Lite(혹은 Magic Box)를 선택하고 ∅ 를 클릭한다.

ⓜ 5단계

[그림 3-9]와 같이 Connect를 클릭한다.

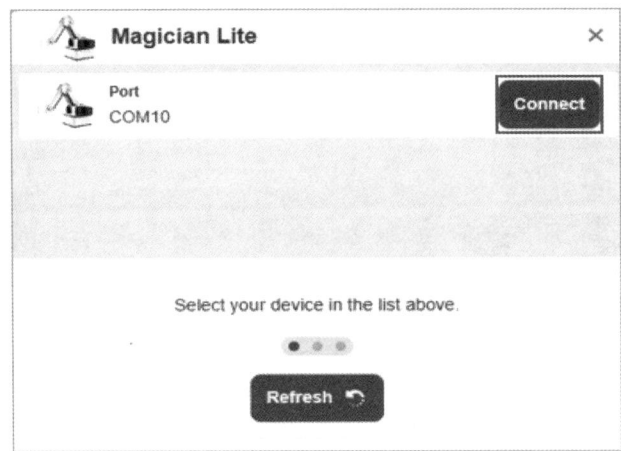

[그림 3-9] Magician Lite

ⓗ 6단계

Magician Lite와 DobotLab을 연결한 후, 코딩 영역에서 프로그램을 작성할 수 있다.

ⓐ 실제 요구 사항에 따라 각 블록에 해당하는 파라미터를 설정한다.

ⓑ 블록으로 작성된 프로그램을 실행하려면 트리거 조건이 필요하다. 따라서 트리거 조건으로 이벤트 블록에서 명령을 선택해야 한다.

예를 들어, [그림 3-10]과 같이 ⬛⬛ 는 🚩를 클릭하면 프로그램이 실행되는 것을 의미한다.

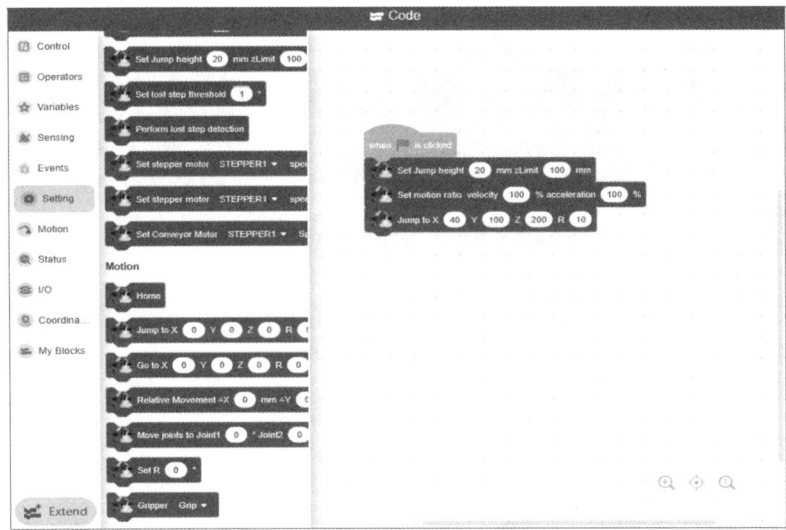

[그림 3-10] 코딩 영역

2. Dobot 블록코딩 설정

1) Setting

Dobot을 사용하기 위해서 기본적으로 사용하는 함수들에 대해서 설명한다.

(1) 엔드 이펙터 선택

① Function

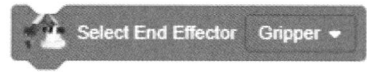

[그림 3-11] 엔드 이펙터

② [그림 3-11]과 같이 엔드 이펙터를 선택한다.

(2) 파라미터: 엔드 이펙터

① Gripper ② Suction Cup ③ Pen ④ 반환값: null

2) PTP Motion

(1) 비율 설정

① Function

[그림 3-12] PTP Motion

② [그림 3-12]와 같이 PTP Motion 비율을 설정한다.

(2) 파라미터

① 속도비: 속도비를 설정한다. 설정된 속도에 이 비율을 곱한 것이 실제 속도이다.

② 가속도비: 가속도비를 설정한다. 설정된 가속도에 이 비율을 곱한 것이 실제 가속도이다.

③ 반환값: null

3) Joint 축

(1) 속도 및 가속도 설정

① Function

[그림 3-13] Joint 축

② [그림 3-13]과 같이 Joint 축의 속도와 가속도 값을 설정한다.

(2) 파라미터

① 속도: 각 Joint 좌표축의 속도 설정

② 가속도: 각 Joint 좌표축의 가속도 설정

③ 반환값: null

4) Cartesian 축

(1) 속도 및 가속도 설정

① Function

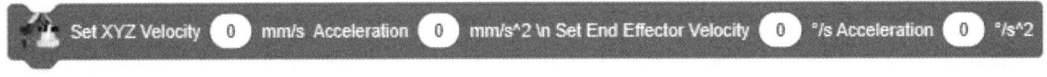

[그림 3-14] 속도 및 가속도 설정

② [그림 3-14]와 같이 Joint 축의 속도와 가속도 값을 설정한다.

(2) 파라미터

① 속도: Cartesian 축의 속도 설정

② 가속도: Cartesian 축의 가속도 설정

③ 반환값: null

5) Stepper 모터

(1) 속도 설정
   ① Function

[그림 3-15] 속도 설정

   ② [그림 3-15]와 같이 Stepper 모터의 속도를 설정한다. 해당 블록은 Magician Lite가 아닌 Magician에서만 지원한다.

(2) 파라미터
   ① 속도: Cartesian 축의 속도 설정
   ② 가속도: Cartesian 축의 가속도 설정
   ③ 반환값: null

6) Jump 모드

(1) 리프팅 높이 및 최대 리프팅 높이 설정
   ① Function

[그림 3-16] Jump 모드

   ② [그림 3-16]과 같이 Jump 모드에서 리프팅 높이 및 최대 리프팅 높이 설정한다.

(2) 파라미터
   ① 높이: 리프팅 높이 설정
   ② zLimit: 최대 리프팅 높이 설정
   ③ 반환값: null

7) Lost Step

(1) 임곗값 설정
① Function

[그림 3-17] Lost step

② [그림 3-17]와 같이 Lost-step(스텝 모터의 정밀도) 감지 임곗값을 설정하여 포지셔닝 오류가 임곗값을 초과하는지 여부를 감지한다. 임계값을 초과하는 것은 모터 Lost-step을 나타낸다.

(2) 파라미터
① Lost-step 임곗값
② 반환값: null

8) Stepper 모터

(1) 속도 및 펄스 설정
① Function

[그림 3-18] Stepper 모터

② [그림 3-18]와 같이 Stepper 모터 속도를 설정한다. 이 블록은 Magician Lite가 아닌 Magician에서만 지원한다.

(2) 파라미터
① 모터
② 모터 속도
③ 펄스값
④ 반환값: null

9) Lost Step

(1) 감지 수행
① Function

[그림 3-19] Lost step

② [그림 3-19]와 같이 유실된 단계 감지를 실행한다.

(2) 파라미터
① null
② 반환값: null

10) Conveyor 모터

(1) 속도 설정
① Function

[그림 3-20] Conveyor 모터

② [그림 3-20]과 같이 컨베이어 모터 속도를 설정한다.
해당 블록은 Magician Lite가 아닌 Magician에서만 지원한다.

(2) 파라미터
① 모터
② 모터 속도: 범위 0mm/s ~ 120mm/s
③ 반환값: null

11) Motion

(1) Home 동작
① Function

[그림 3-21] Motion

② [그림 3-21]과 같이 로봇의 home 조작을 설정한다.

(2) 파라미터
① null
② 반환값: null

12) Jump 모드

(1) 목표 지점으로 로봇 이동
① Function

[그림 3-22] Jump 모드

② [그림 3-22]와 같이 Jump 모드에서 목표 지점으로 로봇 이동한다.

(2) 파라미터
① X: X축 좌푯값 설정
② Y: Y축 좌푯값 설정
③ Z: Z축 좌푯값 설정
④ R: R축 좌푯값 설정
⑤ 반환값: null

13) 목표 지점(position)

(1) 로봇 이동
　① Function

[그림 3-23] 목표 지전

　② [그림 3-23]과 같이 특정 모션 모드에서 목표 지점으로 로봇 이동한다.

(2) 파라미터
　① X: X축 좌푯값 설정
　② Y: Y축 좌푯값 설정
　③ Z: Z축 좌푯값 설정
　④ R: R축 좌푯값 설정
　⑤ Move Type: Joint / Straight Line
　⑥ 반환값: null

14) 상대 좌표

(1) 증분 이동
　① Function

[그림 3-24] 상대좌표

　② [그림 3-24]와 같이 로봇 암이 상대 좌표 증분만큼 이동한다.

(2) 파라미터
　① X: X값 증가량
　② Y: Y값 증가량

③ Z: Z값 증가량

④ R: R값 증가량

⑤ 반환값: null

15) 목표 각도

(1) Joint 이동
  ① Function

[그림 3-25] 목표 각도

  ② [그림 3-25]와 같이 로봇을 목표 위치로 이동시킨다.

(2) 파라미터
  ① Joint 1: Joint 1의 각도 설정

  ② Joint 2: Joint 2의 각도 설정

  ③ Joint 3: Joint 3의 각도 설정

  ④ Joint 4: Joint 4의 각도 설정

  ⑤ 반환값: null

16) R축

(1) 회전 각도 설정
  ① Function

[그림 3-26] R축

  ② [그림 3-26]과 같이 R축의 회전 각도를 설정한다.

(2) 파라미터

　① R: R축의 회전 각도 설정

　② 반환값: null

17) Suction Cup

(1) 상태 설정

　① Function

[그림 3-27] Suction cup

　② [그림 3-27]과 같이 Suction Cup의 상태를 설정한다.

(2) 파라미터

　① suction cup 상태: On / Off

　② 반환값: null

18) Gripper

(1) 상태 설정

　① Function

[그림 3-28] Gripper

　② [그림 3-28]과 같이 Gripper의 상태를 설정한다.

(2) 파라미터

　① Gripper 상태: Close / Open / Off

　② 반환값: null

■ 사진, OCR, Event와 조건 처리

사진 데이터와 이미지 데이터 판독과 분석 그리고 이벤트와 여러 가지 조건문에 대해서 설명한다.

1) AI(인공지능)

(1) 사진 촬영(자동)

① Function

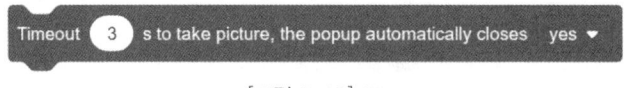

[그림 3-29] AI

② [그림 3-29]와 같이 일정 시간 뒤에 자동으로 사진을 촬영한다. Timeout 혹은 Countdown을 사용한다.

(2) 파라미터

① 카운트 다운 시간
② 팝업 창 여부: Yes / No
③ 반환값: null

2) 사진(이미지)

(1) 수동으로 사진 촬영

① Function

[그림 3-30] 사진(이미지)

② [그림 3-30]과 같이 수동으로 사진을 촬영한다.

(2) 파라미터

반환값: null

3) 데이터(사진)

(1) 수집하기
　① Function

[그림 3-31] 데이터

　② [그림 3-31]와 같이 해당 모듈에 사진을 저장한다.

(2) 파라미터
　① null
　② 반환값: 사진 데이터

4) 인식

(1) 사진과 이미지
　① Function

[그림 3-32] 인식

　② [그림 3-32]와 같이 사진의 태그를 인식한다.

(2) 파라미터
　① 사진을 인식할 수 있도록 설정
　② 반환값: 사진 태그

5) 얼굴 매칭

(1) 분석과 판정

① Function

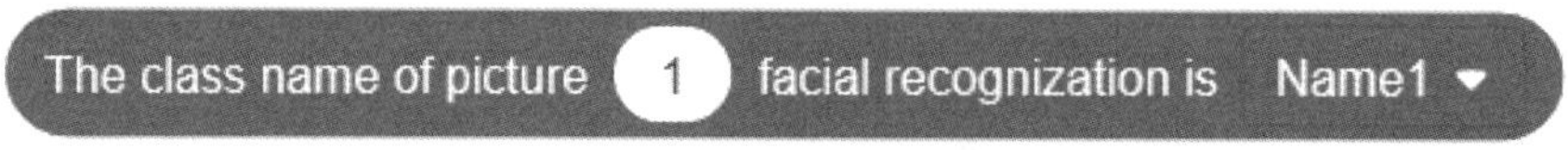
The class name of picture
1
facial recognization is
Name1

[그림 3-33] 얼굴 매칭

② [그림 3-33]과 같이 얼굴 매칭의 결과 분석 및 판정

(2) 파라미터

① 사진: 사진을 인식할 수 있도록 설정

② 이름: 이름 선택

③ 반환값: 일치 범위 0% ~ 100%

6) 인식

(1) OCR

① Function

OCR recognize picture
1
words

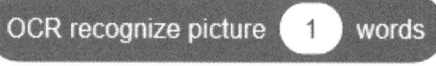

[그림 3-34] 인식

② [그림 3-34]와 같이 사진의 텍스트를 인식한다.

(2) 파라미터

① 인식될 수 있을 만한 사진

② 반환값: 사진 안의 텍스트

7) Events

(1) 녹색 플래그 클릭할 경우
① Function

[그림 3-35] Events

② [그림 3-35]와 같이 녹색 플래그가 클릭되면 아래 블록을 조작한다.

(2) 파라미터
① null
② 반환값: null

8) Space

(1) 지정한 키를 눌렀을 경우
① Function

[그림 3-36] Space

② [그림 3-36]와 같이 지정된 키를 누르면 아래의 블록을 조작한다.

(2) 파라미터
① 지정한 키
② 반환값: null

9) Control

(1) 대기 명령
① Function

[그림 3-37] Control

② [그림 3-37]과 같이 지정된 기간을 기다린 후 프로그램 수행한다.

(2) 파라미터
① 시간: 대기 시간 설정
② 반환값: null

10) 지정 시간

(1) 반복 명령
① Function

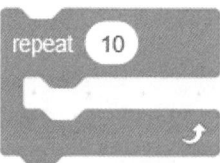

[그림 3-38] 지정 시간

② [그림 3-38]과 같이 프로그램을 지정된 시간만큼 반복한다. 기본값은 10이다.

(2) 파라미터
① 횟수: 반복 횟수 설정
② 프로그램: 프로그램 추가
③ 반환값: null

11) Forever

(1) 무한 반복 명령

 ① Function

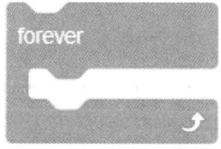

[그림 3-39] Forever

 ② [그림 3-39]와 같이 프로그램을 반복한다.

(2) 파라미터

 ① 프로그램: 프로그램 추가

 ② 반환값: null

12) 지정된 조건 (실행)

(1) If…then…

 ① Function

[그림 3-40] 지정된 조건(실행)

 ② [그림 3-40]과 같이 지정된 조건이 참일 경우 프로그램을 실행한다.

(2) 파라미터

 ① 조건: 조건 설정

 ② 프로그램: 프로그램 추가

 ② 반환값: null

13) 지정된 조건 (실행 선택)

(1) If···then···else
  ① Function

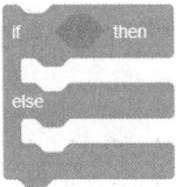

[그림 3-41] 지정된 조건(실행 선택)

  ② [그림 3-41]와 같이 지정된 조건이 참이면 첫 번째 프로그램을 실행하고, 그렇지 않으면 두 번째 프로그램을 실행한다.

(2) 파라미터
  ① 프로그램 1: 프로그램 1 추가
  ② 프로그램 2: 프로그램 2 추가
  ③ 반환값: null

14) ALL

(1) 지정한 스크립트 실행 중지
  ① Function

[그림 3-42] ALL

  ② [그림 3-42]와 같이 지정한 스크립트의 실행을 중지한다.

(2) 파라미터
  ① 스크립트: 스크립트 선택(모든 스크립트, 해당 스크립트, 스프라이트의 다른 스크립트 포함)
  ② 반환값: null

15) Operators

(1) 사칙연산
① Function

`[그림 3-43] Operators

② [그림 3-43]과 같이 각각 입력 파라미터 간 사칙연산을 수행한다.

(2) 파라미터
① 연산자와 피연산자
② 반환값: 사칙연산 결과값

16) 대수 비교

(1) 부등호
① Function

[그림 3-44] 대수 비교

② [그림 3-44]와 같이 각각 입력 파라미터 간 대수 비교를 수행한다.

(2) 파라미터
① 파라미터 및 지정값
② 반환값: 사칙연산 결과값

17) 논리연산

(1) and, or, not
① Function

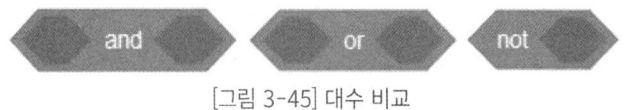

[그림 3-45] 대수 비교

② [그림 3-45]와 같이 각각 입력 파라미터 간 논리연산을 수행한다.

(2) 파라미터
① 조건 A, B
② 반환값: True / False

18) Variable

(1) 변숫값 지정
① Function

[그림 3-46] Variable

② [그림 3-46]과 같이 변수를 특정 숫자로 지정한다.

(2) 파라미터
① 변수
② 값(숫자)
③ 반환값: null

19) 증감

(1) 변숫값 증가
① Function

[그림 3-47] 승감

② [그림 3-47]와 같이 변수를 특정 숫자만큼 증가시킨다.

(2) 파라미터
① 변수
② 값: 양의 값을 넣으면 증가, 음의 값을 넣으면 감소한다.
③ 반환값: null

3. 파이썬 함수

Dobot을 제어하기 위해서 사용되는 파이썬의 전용 함수를 설명한다.

1) Setting

(1) Lost-step Threshold 설정
① Function

[파이썬 프로그래밍 코드]
`m_lite.set_lost_step_params(value)`

[표 3-1] Lost-step Threshold 설정

② 설명

위치 측위 오차가 임곗값을 초과하는지를 확인하는 데 사용한다. 임곗값을 초과하는 값은
모터가 스텝을 상실함을 의미한다.

③ 파라미터

value: lost-step threshold. 데이터 타입: int

④ 반환값

㉠ True: 명령이 성공적으로 끝났다.

㉡ False: 명령이 끝나지 못했다.

⑤ 예제

[파이썬 프로그래밍 예제 코드]
m_lite.set_lost_step_params(value=10) # Lost-Step 임곗값을 10으로 설정합니다.

[표 3-2] 예제 코드

(2) 로봇 팔 속도 설정

① Function

[파이썬 프로그래밍 코드]
m_lite.set_armspeed_ratio(set_type, set_value)

[표 3-3] 로봇 팔 속도 설정

② 설명

다양한 이동 모드에서 로봇 암의 속도 속도를 설정한다.

③ 파라미터

㉠ set_value: 다양한 이동 모드에 해당하는 속도. 데이터 타입: int, 범위: 0~100

㉡ set_type: 이동 모드, 0: jogging, 1: point-to point movement; 2: continuous
path movement; 3: circular movement

④ 반환값

㉠ True: 명령이 성공적으로 끝났다.

㉡ False: 명령이 끝나지 못했다.

⑤ 예제

[파이썬 프로그래밍 예제 코드]
m_lite.set_armspeed_ratio(set_type=1, set_value=50) # point-to point 모드에서 로봇 팔의 속도를 50%로 설정합니다.

[표 3-4] 예제 코드

(3) Jump movement 매개변수 설정

① Function

[파이썬 프로그래밍 코드]
m_lite.set_ptpjump_params(z_limit, jump_height)

[표 3-5] Jump movement 매개변수

② 설명

Jump movement의 파라미터를 설정한다.

③ 파라미터

㉠ z_limit: 최대 리프팅 높이. 데이터 타입: int

㉡ jump_height: 리프팅 높이. 데이터 타입: int

④ 반환값

㉠ True: 명령이 성공적으로 끝났다.

㉡ False: 명령이 끝나지 못했다.

⑤ 예제

[파이썬 프로그래밍 예제 코드]
m_lite.set_ptpjump_params(z_limit=100, jump_height=100) # Jump movement의 최대 리프팅 높이를 100, 리프팅 높이를 100으로 설정합니다.

[표 3-6] 예제 코드

(4) N초 동안 대기

① Function

[파이썬 프로그래밍 코드]
m_lite.wait(delay)

[표 3-7] N초 동안 대기

② 설명

대기 시간을 설정한다.

③ 파라미터

delay: 대기 시간. 데이터 타입: int

④ 반환값

㉠ True: 명령이 성공적으로 끝났다.

㉡ False: 명령이 끝나지 못했다.

⑤ 예제

[파이썬 프로그래밍 예제 코드]
m_lite.wait(delay=10)   # 대기 시간을 10초로 설정합니다.

[표 3-8] 예제 코드

(5) Lost-step 탐지 수행

① Function

[파이썬 프로그래밍 코드]
m_lite.set_lost_step_cmd()

[표 3-9] Lost-step 탐지

② 설명

Lost-step 탐지를 수행한다.

③ 파라미터: null

④ 반환값

ㄱ True: 명령이 성공적으로 끝났다.

ㄴ False: 명령이 끝나지 못했다.

⑤ 예제

[파이썬 프로그래밍 예제 코드]
m_lite.set_lost_step_cmd() # Lost-step 탐지를 수행합니다.

[표 3-10] 예제 코드

2) Movement

(1) Point-to-point Movement

① Function

[파이썬 프로그래밍 코드]
m_lite.set_ptpcmd(ptp_mode,x,y,z,r)

[표 3-11] Point-to-point

② 설명

현재 위치에서 목표 위치로 이동한다.

③ 파라미터

ㄱ x: X축 좌표, 데이터 타입: float

ㄴ y: Y축 좌표, 데이터 타입: float

ㄷ z: Z축 좌표, 데이터 타입: float

ㄹ r: R축 좌표, 데이터 타입: float

ㅁ ptp_mode: PTP mode, 데이터 타입: int, range: 0~9

0: JUMP mode, (x, y, z, r)는 직교 좌표계 아래의 목표점의 좌표

1: MOVJ mode, (x, y, z, r)는 직교 좌표계 아래의 목표점의 좌표

2: MOVL mode, (x, y, z, r)는 직교 좌표계 아래의 목표점의 좌표

3: JUMP mode, (x, y, z, r)는 직교 좌표계 아래의 목표점의 좌표

4: MOVJ mode, (x, y, z, r)는 직교 좌표계 아래의 목표점의 좌표

5: MOVL mode, (x, y, z, r)는 직교 좌표계 아래의 목표점의 좌표

6: MOVJ mode, (x, y, z, r)는 joint 좌표계 아래의 좌표 증분

7: MOVL mode, (x, y, z, r)는 직교 좌표계 아래의 좌표 증분

8: MOVJ mode, (x, y, z, r)는 직교 좌표계 아래의 좌표 증분

9: JUMP mode, 로봇이 이동할 때 모드는 MOVL이다. (x, y, z, r)는 직교 좌표계 아래의 좌표 증분

④ 반환값

True: 명령이 성공적으로 끝났다.

False: 명령이 끝나지 못했다.

⑤ 예제

[파이썬 프로그래밍 예제 코드]
| ```
m_lite.set_ptpcmd(ptp_mode=0, x=200, y=20, z=10, r=0)
# JUMP 모드에서 로봇 팔이 현재 위치에서 목표 위치(200, 20, 10, 0)로 이동합니다.
``` |

[표 3-12] 예제 코드

(2) Set Home

① Function

[파이썬 프로그래밍 코드]
| ```
m_lite.set_homecmd()
``` |

[표 3-13] Set Home

② 설명

로봇 팔이 현재 위치에서 홈 포인트로 이동한다.

③ 파라미터: null

④ 반환값

True: 명령이 성공적으로 끝났다.

False: 명령이 끝나지 못했다.

⑤ 예제

[파이썬 프로그래밍 예제 코드]

```
m_lite.set_homecmd()
# 로봇 암이 현재 위치에서 홈 포인트로 이동합니다.
```

[표 3-14] 예제 코드

(3) Set Suction Cup

① Function

[파이썬 프로그래밍 코드]

```
m_lite.set_endeffector_suctioncup(enable, on)
```

[표 3-15] Set Suction Cup

② 설명

엔드 이펙터인 suction cup의 상태를 설정한다.

③ 파라미터

enable: suction cup 활성화 여부 True: suction cup 활성화, False: suction cup 비
활성화

on: suction cup이 파지되었는지 해제되었는지. True: suction cup이 파지되었는지,
False: suction cup이 해제되는지 여부

④ 반환값

㉠ True: 명령이 성공적으로 끝났다.

㉡ False: 명령이 끝나지 못했다.

⑤ 예제

[파이썬 프로그래밍 예제 코드]

```
m_lite.set_endeffector_suctioncup(enable=True, on=True)
# suction cup 활성화 및 그립(파지) 상태로 설정합니다.
```

[표 3-16] 예제 코드

(4) Set Gripper

① Function

[파이썬 프로그래밍 코드]
m_lite.set_endeffector_gripper(enable, on)

[표 3-17] Set Gripper

② 설명

엔드 이펙터인 gripper의 상태를 설정한다.

③ 파라미터

㉠ enable: gripper 활성화 여부 True: gripper 활성화, False: gripper 비활성화

㉡ on: gripper가 파지되었는지 해제되었는지. True: gripper가 파지되었는지, False: gripper 가 해제되는지 여부

④ 반환값

㉠ True: 명령이 성공적으로 끝났다.

㉡ False: 명령이 끝나지 못했다.

⑤ 예제

[파이썬 프로그래밍 예제 코드]
m_lite.set_endeffector_gripper(enable=True, on=True) # gripper 활성화 및 그립(파지) 상태로 설정합니다.

[표 3-18] 예제 코드

5) Detection

(1) 엔드 이펙터 타입 가져오기

① Function

[파이썬 프로그래밍 코드]
m_lite.get_end_effector_type()

[표 3-19] 엔드 이펙터 타입

② 설명

엔드 이펙터의 타입을 가져온다.

③ 파라미터: null

④ 반환값

type: 엔드 이펙터 타입.

0: 엔드 툴 없음;

1: 엔드 이펙터는 suction cup임;

2: 엔드 이펙터는 gripper임;

3: 엔드 이펙터는 펜임

⑤ 예제

[파이썬 프로그래밍 예제 코드]

```
type = m_lite.get_end_effector_type()
print(type)
# 엔드 이펙터의 타입을 가져옵니다.
```

[표 3-20] 예제 코드

(6) 위치 가져오기

① Function

[파이썬 프로그래밍 코드]

```
m_lite.get_pose()
```

[표 3-21] 위치 가져오기

② 설명

로봇 팔의 실시간 위치를 가져온다.

③ 파라미터: null

④ 반환값: {x, y, z, r, jointAngle}

ㄱ x: X축 좌표

ㄴ y: Y축 좌표

ㄷ z: Z축 좌표

ⓔ r: R축 좌표

ⓜ joint Angle: joint 좌표 리스트 [joint 1, joint 2, joint 3, joint 4]

⑤ 예제

[파이썬 프로그래밍 예제 코드]
| ```
result = m_lite.get_pose()
print(result)
# 로봇 팔의 실시간 포즈 가져오기
``` |

[표 3-22] 예제 코드

(7) 로봇 팔의 실시간 속도 가져오기

① Function

[파이썬 프로그래밍 코드]
| ```
m_lite.get_armspeed_ratio(get_type)
``` |

[표 3-23] 실시간 속도 가져오기

② 설명

로봇 팔의 실시간 속도를 가져온다.

③ 파라미터

get_type: 이동 모드. 0: jogging. 1: point-to point 이동

④ 반환값

ratio: 다양한 이동 모드에 해당하는 속도

⑤ 예제

[파이썬 프로그래밍 예제 코드]
| ```
result = m_lite.get_armspeed_ratio(get_type=1)
print(result)
# point-to-point 모드에서 로봇 암의 속도를 가져옵니다.
``` |

[표 3-24] 예제 코드
```

(8) Lost-step 결과 확인

① Function

[파이썬 프로그래밍 코드]
`m_lite.get_lost_step_result()`

[표 3-25] Lost-step 결과 확인

② 설명

lost-step 결과를 확인한다.

③ 파라미터: null

④ 반환값

state: 시스템 알람 상태

⑤ 예제

[파이썬 프로그래밍 예제 코드]

`result = m_lite.get_lost_step_result()`
`print(result)`
`# Lost-step 결과를 확인합니다.`

[표 3-26] 예제 코드

CHAPTER

II

블록코딩 기반 제어

4장 블록코딩 기반 제어

1. 로봇 제어 블록 이해하기

1) 교육 목적

로봇과 스마트 설비 간에 안전하고 효율적으로 협력하여 작업을 수행할 수 있도록 시스템을 검토하고 설계하는 능력이다.

(1) 실습 목적

① Block Lab을 사용하여 로봇 팔을 제어하는 프로그램을 작성할 수 있다.
② Block Lab에서 지원하는 함수에 대해 설명할 수 있다.
③ 원하는 좌표에 로봇 팔을 이동시킬 수 있다.

(2) 실습 이론

① 점대점(Point To Point, PTP) 모드

   ㉠ 점대점 이동(한 점에서 다른 점까지 이동)을 의미하는 PTP 모드는 MOVJ, MOVL, JUMP를 지원한다. 이동 궤적은 모션 모드에 따라 다르다.

   ㉡ MOVJ: 관절 운동. [그림 4-1]에 표시된 것처럼 A 지점에서 B 지점까지 각 관절은 궤적에 관계없이 초기 각도에서 목표 각도까지 실행된다.

   ㉢ MOVL: 직선 운동. [그림 4-2]에 표시된 것처럼 관절은 A 지점에서 B 지점까지 직선 궤적을 수행한다.

   ㉣ JUMP: A 지점에서 B 지점으로 관절이 MOVJ 모드로 이동하며 [그림 4-1]와 [그림 4-2]와 같이 궤적이 문처럼 보인다.

     ⓐ A 지점에서 MOVJ 모드로 리프팅 높이까지 상승한다.

ⓑ B 지점까지 수평으로 이동한다.

ⓒ B 지점으로 내려온다.

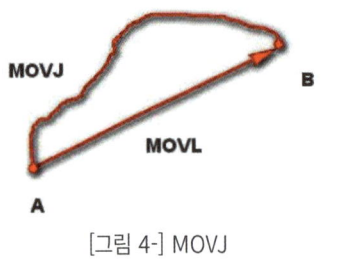

[그림 4-] MOVJ

[그림 4-] JUMP

② 로봇 팔 제어 블록

제어를 위한 기본적인 제어블록은 [표 4-1]과 같다.

	제어블록	
1	Home HOME: 로봇 팔이 현재 위치에서 홈 포인트로 이동한다	
2	Jump To X 0 Y 0 Z 0 R 0 Jump To X( ) Y( ) Z( ) R( ): Jump 모드에서 목표 지점으로 로봇 팔을 이동시킨다. X : X축 좌표, Y: Y축 좌표 Z: Z축 좌표, R: R축 좌표	
3	Goto X 0 Y 0 Z 0 R 0 Move Type Straight Line ▾ Goto X( ) Y( ) Z( ) R( ) Move Type( ): 특정 모드에서 목표 지점으로 로봇 팔을 이동시킨다. X: X축 좌표, Y: Y축 좌표, Z: Z축 좌표, R: R축 좌표, Move Type: Joint/Straight Line	
4	Select End Effector Gripper ▾ Select End Effector( ): 엔드 이펙터를 선택한다.	
5	Suction Cup ON ▾ Gripper Grip ▾ Suction Cup ( ) / Gripper ( ): Suction Cup / Gripper의 상태를 설정한다	

[표 4-1] 제어블록

[그림 4-3]은 실습에 사용하는 툴(tools)이다. 그리퍼, 흡착컵, 펜 등이다.

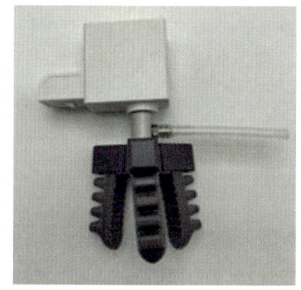

[a] Gripper

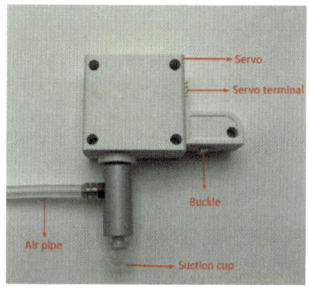

[b] Suction Cup

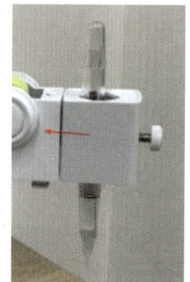

[c] Pen

[그림 4-3] 사용 Tools

③ 구성 부품

실습을 하기 위한 구성 부품들은 [표 4-2]와 같다.

1		Magician Lite
2		Suction Cup
3		Work Mat
4		Building Block Kit
5		Camera Kit
6		USB 케이블
7	DOBOT	PC & Dobot Lab

[표 4-2] 구성 부품

④ **Magician Lite 연결**

    ㉠ Step 1

        그림 4-4]와 같이 USB 케이블을 사용하여 Magician Lite와 PC를 연결한다.

    ㉡ Step 2

        [그림 4-5]와 같이 전원 어댑터를 Magician Lite의 전원 인터페이스에 연결한다.

[그림 4-4] Step 1   [그림 4-5] Step 2

⑤ **Dobotlab 실행**

    ㉠ Step1. [그림 4-6]과 같이 Dobotlab을 실행한다.

    ㉡ Step2. [그림 4-7]과 같이 BlockLab을 실행하여 코드를 작성한다.

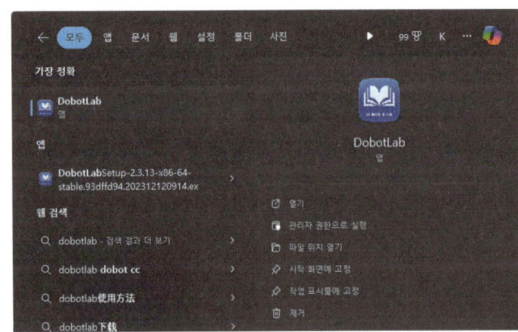 

[그림 4-6] Step 1   [그림 4-7] Step 2

⑥ **동작 설명**

    ㉠ 키보드의 방향키와 스페이스바를 누를 때마다 로봇 팔이 움직인다.

    ㉡ 방향키의 방향에 따라 로봇의 end point가 상/하/좌/우를 움직이며, 스페이스 바를 누를 경우 홈 위치로 복귀한다.

    ㉢ [그림 4-8]과 같이 로봇 팔이 지정한 위치로 이동한다.

    ㉣ [그림 4-9]와 같이 로봇 팔이 홈 위치로 이동한다.

    ㉤ 로봇 팔의 엔드 이펙터가 동작하거나 정지한다.

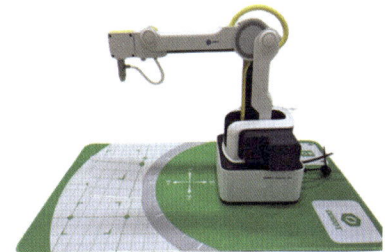

[그림 4-8] 위치 이동   [그림 4-9] Home

(3) 소스코드

① [그림 4-10]과 같이 로봇 팔이 (240, 0, 15, 0) 위치로 이동한다.

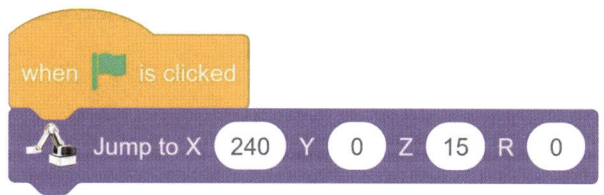

[그림 4-10] 로봇 팔 이동

② [그림 4-11]과 같이 로봇 팔이 홈 위치로 이동한다.

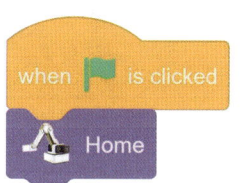

[그림 4-11] 홈 위치로 이동

③ [그림 4-12]와 같이 엔드 이펙터(Suction Cup)가 3초 동안 동작한 뒤 꺼진다.

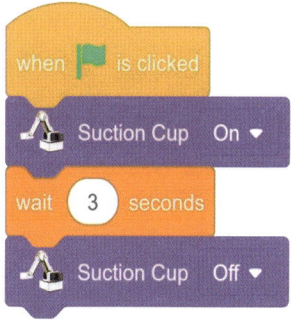

[그림 4-12] 엔드 이펙터 사용

④ [그림 4-13]와 같이 좌표를 지정하는 블록에 마우스 우클릭한 뒤, Fill coordinates를 선택하면 현재 로봇 팔이 위치한 좌표로 설정된다.

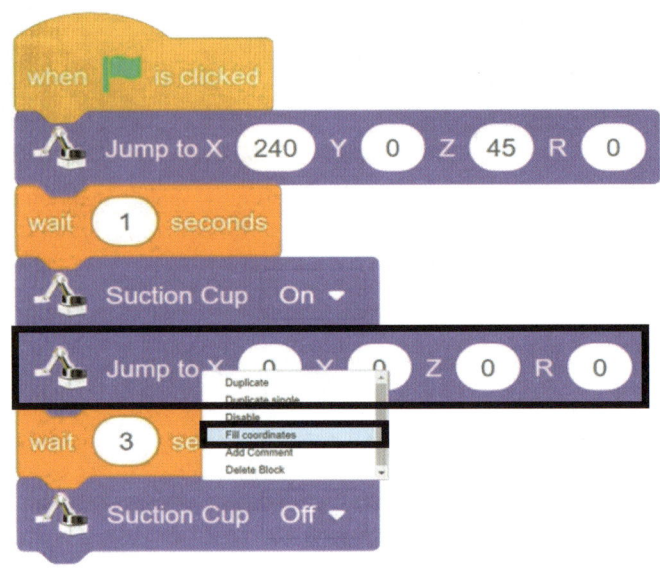

[그림 4-13] 현재 위치 등록

(6) 학습 평가

영역	번호	문 항	미흡	보통	우수
로봇 활용을 위한 블록코딩	1	Block Lab을 사용하여 로봇 팔을 제어하는 프로그램을 작성할 수 있는가?	①	②	③
	2	Block Lab에서 지원하는 함수에 대해 설명할 수 있는가?	①	②	③
	3	특정 좌표로 로봇 팔을 이동시킬 수 있는가?	①	②	③

[표 4-3] 학습 평가

2. PTP & Home 제어하기

1) 교육 목적

로봇과 스마트 설비 간에 안전하고 효율적으로 협력하여 작업을 수행할 수 있도록 시스템을 검토하고 설계하는 능력이다.

(1) 실습 목적

① 방향키 또는 스페이스바를 이용하여 로봇 팔의 상하좌우 이동 및 홈 위치로 이동시킬 수 있다.

② 키 입력에 따라 움직이도록 조건문을 구현할 수 있다.

③ 키보드를 사용하여 로봇을 조작하는 기능을 구현할 수 있다.

(2) 이론

① 키보드 입력을 통한 로봇 팔 제어 (Home 원점 복귀)

[그림 4-14]와 [그림 4-15]와 같이 스페이스바를 누르면 로봇 팔이 홈으로 이동한다.

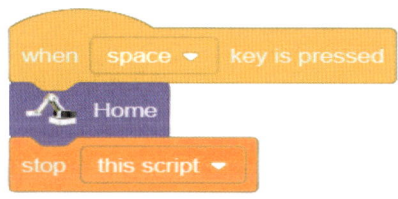

[그림 4-13] 스페이스바 입력

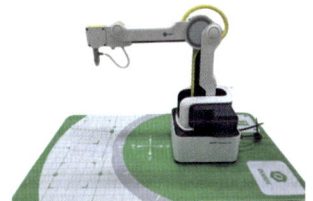

[그림 4-15] 홈 이동

② 키보드 입력을 통한 로봇 팔 제어 (수동 JOG 운전, 인칭 운전)

지정된 키보드 방향키를 누를 때마다 로봇 팔이 특정 거리만큼 이동한다.

㉠ [그림 4-16]과 같이 특정 좌표로 이동하는 것이 아니라 설정한 증감 수치만큼 이동한다.

㉡ [그림 4-17]은 두봇에서 제공하는 키보드 입력이다. 영문 자판을 기준으로 되어 있다.

㉢ △X의 경우 로봇 팔이 앞뒤로 움직인다.

㉣ △Y의 경우 로봇 팔이 좌우로 움직인다.

㉤ △Z의 경우 로봇 팔이 상하로 움직인다.

㉥ △R의 경우 엔드 이펙터를 회전시킨다.

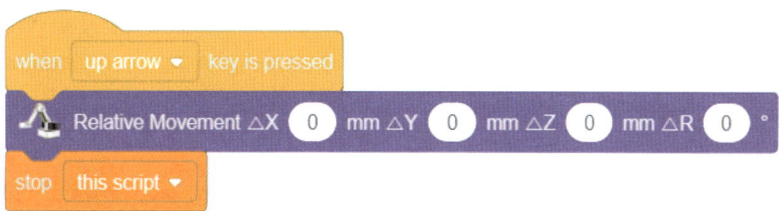

[그림 4-16] 방향키 입력(수동 운전)

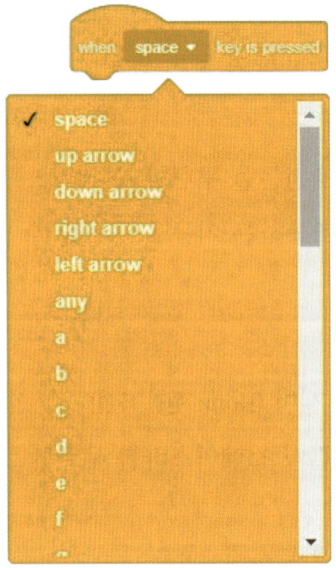

[그림 4-17] 입력 설명

③ 대기 상태일 때 로봇 팔 제어

ㄱ [그림 4-18]과 같이 대기 상태일 때는 아무것도 하지 않고 1초 대기를 반복한다.

ㄴ 중간에 키보드 입력이 들어오면 해당 스크립트가 동작한다.

ㄷ 모든 동작을 하면 스크립트가 종료되어 다시 대기 상태로 이동한다.

[그림 4-18] 대기 상태 로봇 팔 제어

④ 구성 부품

실습을 하기 위한 구성 부품들은 [표 4-2]를 참조한다.

⑤ Magician Lite 연결

Magician Lite와 PC 연결, Magician Lite의 전원 연결은 [그림 4-4]와 [그림 4-5]를 참조한다.

⑥ Dobotlab 실행

　㉠ Step1. [그림 4-19]와 같이 Dobotlab을 실행한다.

　㉡ Step2. [그림 4-20]과 같이 BlockLab을 실행하여 코드를 작성한다.

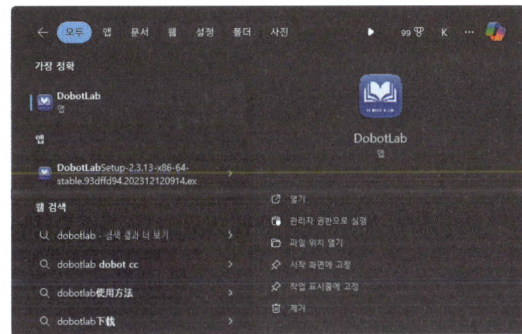

[그림 4-19] Step 1

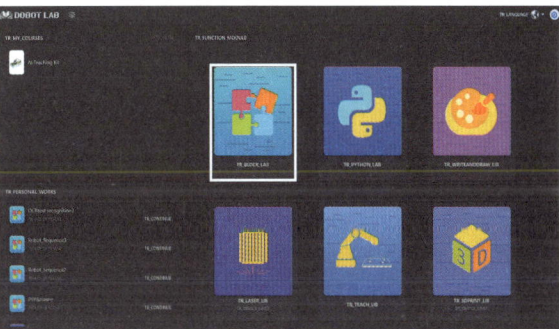

[그림 4-20] Step 2

⑦ 동작 설명

　㉠ 키보드의 방향키와 스페이스바를 누를 때마다 로봇 팔이 움직인다.

　㉡ 방향키의 방향에 따라 로봇의 end point가 상/하/좌/우를 움직이며, 스페이스바를 누를 경우 홈 위치로 복귀 기동을 시작한다.

　㉢ [그림 4-21]과 같이 로봇 팔이 지정한 위치로 이동한다.

　㉣ [그림 4-22]와 같이 로봇 팔이 홈 위치로 복귀 기동을 한다.

　㉤ 로봇 팔의 엔드 이펙터가 동작하거나 정지한다.

[그림 4-21] 위치 이동

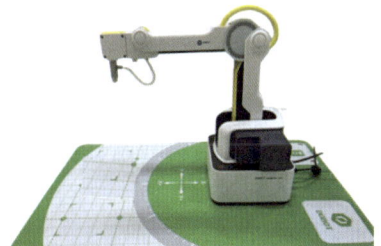

[그림 4-22] Home

(3) 소스코드

[그림 4-23]은 실습을 위한 소스코드이다.

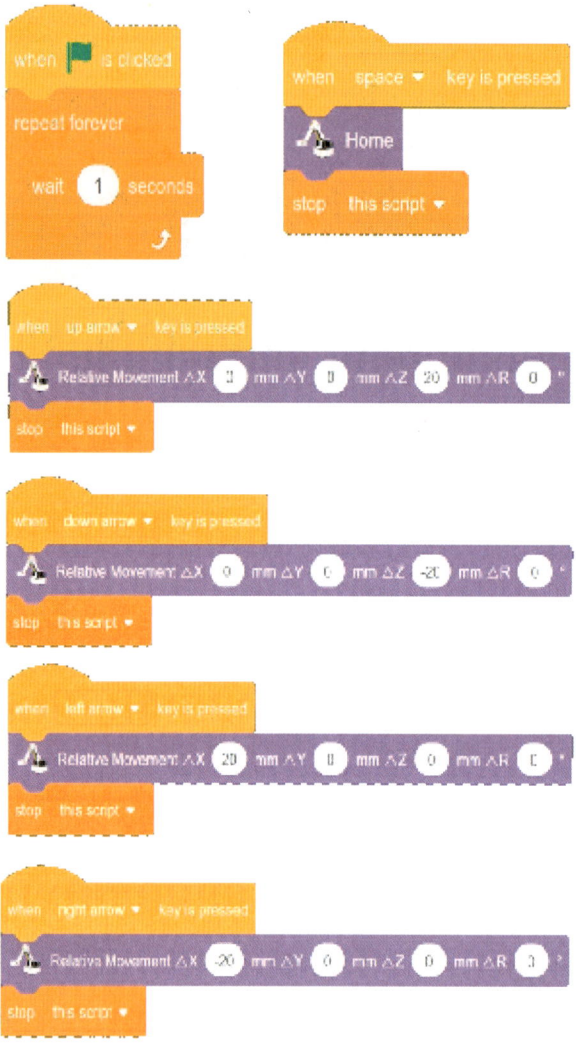

[그림 4-23] 소스코드

(4) 학습 평가

영역	번호	문 항	미흡	보통	우수
PTP & Home 제어 실습	1	키 입력에 따라 움직이도록 조건문을 구현할 수 있는가?	①	②	③
	2	키보드를 사용하여 로봇을 조작하는 기능을 구현할 수 있는가?	①	②	③
	3	로봇 팔의 상하좌우 이동 및 홈 위치로 이동하는 작업이 원활하게 진행되는가?	①	②	③

[표 4-4] 학습 평가

(5) 연습 문제

① 키보드 방향키를 대신 WASD를 사용하여 로봇 팔을 이동시키시오.

② 키보드 X와 Z를 사용하여 로봇 팔을 앞/뒤로 동작시키시오.

③ 홈 위치 복귀(원점 복귀) 후 임의의 A 위치부터 F 위치까지 로봇 팔을 수동 운전으로 이동시키면서(티칭) 각 위치의 좌표를 확인하시오.

3. 로봇 Suction Cup 활용하기

1) 교육 목적

로봇과 스마트 설비 간에 안전하고 효율적으로 협력하여 작업을 수행할 수 있도록 시스템을 검토하고 설계하는 능력이다.

(1) 실습 목적

① Suction Cup의 온/오프 제어 방법과 로봇 팔의 End Point 좌표 제어 개념을 설명할 수 있다.

② Suction Cup을 사용하여 오브젝트를 집어 올리고, 이동 경로를 정하고, 다시 내려놓는 (Pick up and Place ,PP) 프로그램을 작성할 수 있다.

③ 로봇의 제어를 위해 딜레이 타임(또는 Dwell Time)이 필요한 이유에 대해 설명할 수 있다.

(2) 이론

① 로봇 팔의 Suction Cup 제어

㉠ [그림 4-24]와 같이 Suction Cup은 Dobot의 특별한 툴 중 하나로, 진공 압력을 이용하여 물건을 들어올리는 툴이다.

㉡ Suction Cup 함수를 On/Off 시키면서 기능을 동작/정지시킬 수 있다.

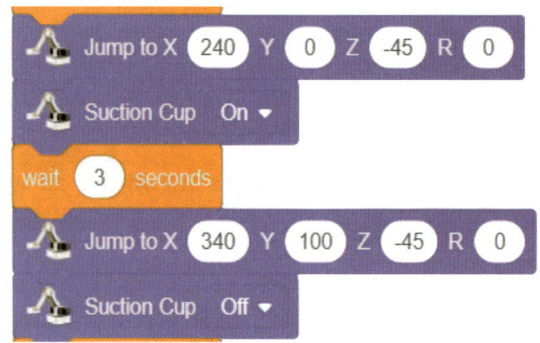

[그림 4-24] Suction Cup 제어

② 로봇 팔의 제어를 위해 딜레이 타임이 필요한 이유

ㄱ 파이썬에서 제공하는 time.sleep(시간)을 사용한다. import time이 필요하다.

ㄴ 로봇 팔을 제어하는 중에 시간 지연이 없이 바로 다음 동작을 수행하게 된다면 로봇 팔에 부하가 걸릴 수 있다. 따라서 작업의 각 단계마다 시간 지연을 넣어 안정적으로 로봇 팔이 작업을 수행할 수 있도록 한다.

ㄷ 예를 들어, 무거운 하중의 물체를 옮길 때 시간 지연 없이 바로 다음 동작을 수행하면 이동하던 물체의 관성으로 인해 로봇 팔에 과부하가 걸릴 수 있다

예) A 동작 후 1초 Dwell Time, B 동작 후 1초 Dwell Time C 동작 완료

(3) 준비

① 구성 부품

실습을 하기 위한 구성 부품들은 [표 4-2]를 참조한다.

② Magician Lite 연결

Magician Lite와 PC 연결, Magician Lite의 전원 연결은 [그림 4-4]와 [그림 4-5]를 참조한다.

③ 엔드 이펙터 연결

ㄱ Step1. [그림 4-25]와 같이 Magician Lite의 끝단에 Suction Cup kit를 연결한다.

ㄴ Step2. [그림 4-26]과 같이 Suction Cup의 공기 펌프의 air tube와 Magician Lite의 air tube 커넥터를 연결한다.

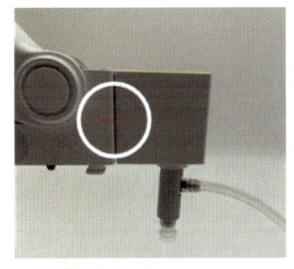

[그림 4-25] Step1

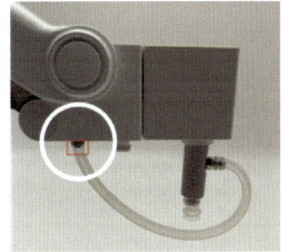

[그림 4-26] Step2

(4) 동작 설명

Suction Cup을 사용하여 [그림 4-27]과 같이 A 위치의 오브젝트를 집어 올려 F 위치로 이동시킨다.

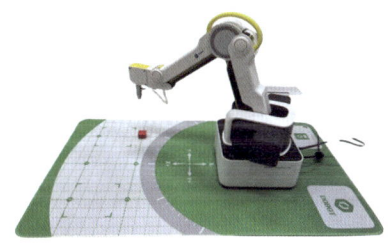

[a] 동작 전 (A 위치)

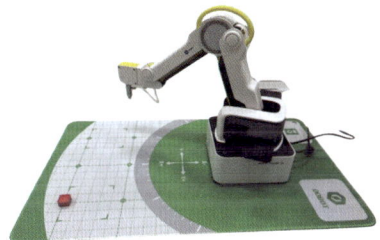

[b] 동작 후 (F 위치)

[그림 4-27] 오브젝트 이동

(5) 소스코드

[그림 4-28] 소스코드

(6) 학습 평가

영역	번호	문 항	미흡	보통	우수
Pick and Place (Suction Cup)	1	Suction Cup 툴을 이용하여 오브젝트를 이동시키는 작업을 구현할 수 있는가?	①	②	③
	2	로봇 팔의 End Point 좌표 제어 개념을 설명할 수 있는가?	①	②	③
	3	로봇 팔의 상하좌우 이동 및 홈 위치로 이동하는 작업이 원활하게 진행되는가?	①	②	③

[표 4-5] 학습 평가

(7) 연습문제

① A 위치에서 E 위치로 물체를 옮기시오.

② Suction Cup의 동작이 완료되면, 물체를 다시 원래 있던 곳으로 돌려놓으시오.

③ Suction Cup의 동작이 완료되면, 로봇 팔을 다시 Home으로 이동시키시오.

4. 로봇 Gripper 활용하기

1) 교육 목적

로봇과 스마트 설비 간에 안전하고 효율적으로 협력하여 작업을 수행할 수 있도록 시스템을 검토하고 설계하는 능력이다.

(1) 실습 목적

① Gripper의 open/close 제어 방법과 로봇 팔의 End Point 좌표 제어 개념을 설명할 수 있다.

② Gripper를 사용하여 오브젝트를 정확하게 이동시키는 프로그램을 작성할 수 있다.

③ 로봇의 제어를 위해 딜레이 타임이 필요한 이유에 대해 설명할 수 있다.

(2) 이론

① 로봇 팔의 Gripper 제어

[그림 4-29]와 같이 Gripper는 Close을 사용하면 물건을 집고, Open을 사용하게 되면 물건을 놓는 방식으로 제어한다.

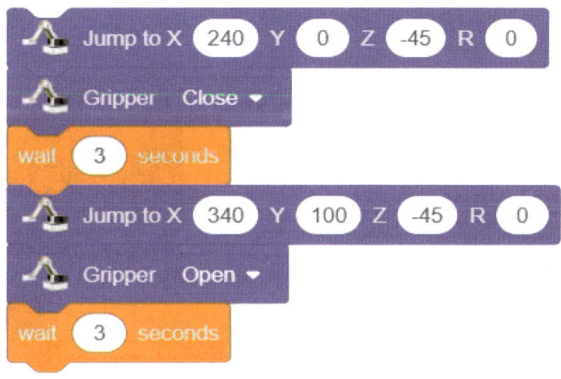

[그림 4-29] Gripper 제어

② 로봇 팔의 제어를 위해 딜레이 타임이 필요한 이유

ㄱ 파이썬에서 제공하는 time.sleep(시간)을 사용한다. import time이 필요하다.

ㄴ 로봇 팔을 제어하는 중에 시간 지연이 없이 바로 다음 동작을 수행하게 된다면 로봇 팔에 부하가 걸릴 수 있다. 따라서 작업의 각 단계마다 시간 지연을 넣어 안정적으로 로봇 팔이 작업을 수행할 수 있도록 한다.

ㄷ 예를 들어, 무거운 물체를 옮길 때 시간 지연 없이 바로 다음 동작을 수행하면 이동하던 물체의 관성으로 인해 로봇 팔에 부하가 걸릴 수 있다.

(3) 준비

① 구성 부품

실습을 하기 위한 구성 부품들은 [표 4-2]를 참조한다.

② Magician Lite 연결

Magician Lite와 PC 연결, Magician Lite의 전원 연결은 [그림 4-4]와 [그림 4-5]를 참조한다.

③ 엔드 이펙터 연결

　㉠ Step1.

　　[그림 4-30]와 같이 Gripper를 제어하기 위해서 공기 펌프의 연결이 필요하다.

　㉡ Step2.

　　[그림 4-31]와 같이 Gripper Kit를 Magician Lite에 설치하는 것은 Suction Cup의
　　설치 방법과 동일한 방식으로 진행된다.

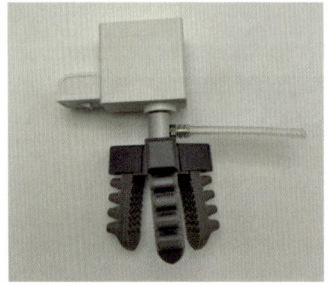 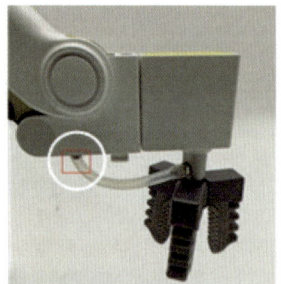

[그림 4-30] Step 1　　　　　　　　　　　[그림 4-31] Step 2

(4) 동작 설명

　[그림 4-32]와 같이 Gripper를 사용하여 A 위치의 오브젝트를 집어 올려 F 위치로 이동시킨
다(Pick up and place).

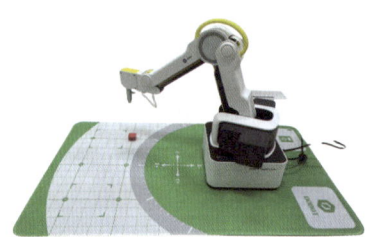 

[a] 동작 전 (A 위치)　　　　　　　　　[b] 동작 후 (F 위치)

[그림 4-32] 오브젝트 이동

(5) 소스코드

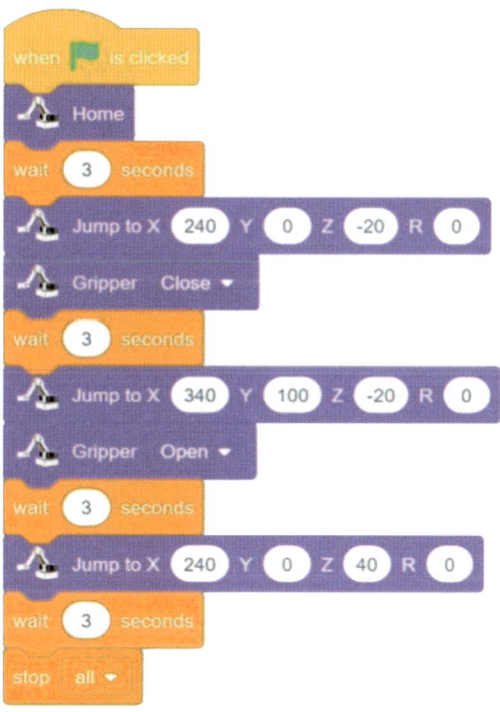

[그림 4-33] 소스코드

(6) 학습 평가

영역	번호	문 항	미흡	보통	우수
Pick and Place (Gripper)	1	Girpper 툴을 이용하여 오브젝트를 이동시키는 작업을 구현할 수 있는가?	①	②	③
	2	로봇 팔의 End Point 좌표 제어 개념을 설명할 수 있는가?	①	②	③
	3	로봇 팔의 상하좌우 이동 및 홈 위치로 이동하는 작업이 원활하게 진행되는가?	①	②	③

[표 4-6] 학습 평가

(7) 연습 문제

① A 위치에서 E 위치로 물체를 옮기시오.

② Gripper의 동작이 완료되면, 물체를 다시 원래 있던 곳으로 돌려놓으시오.

③ Gripper의 동작이 완료되면, 로봇 팔을 다시 Home으로 이동시키시오.

1) 교육 목적

로봇과 스마트 설비 간에 안전하고 효율적으로 협력하여 작업을 수행할 수 있도록 시스템을 검토하고 설계하는 능력이다.

(1) 실습 목적

① 여러 좌표의 오브젝트를 원하는 순서와 위치로 이동시키는 프로그램을 작성할 수 있다.

② 로봇의 동작 순서와 좌표를 고려하여 로봇을 제어하는 법을 설명할 수 있다.

③ Suction Cup을 이용하여 오브젝트를 이동시킬 수 있다.

(2) 이론

① 로봇의 순차 제어 방법

㉠ Timer 시퀀스 제어: 일정 시간에 한 번씩 로봇 팔의 움직임을 제어한다.

㉡ Count 시퀀스 제어: 수가 카운트될 때마다 정해진 숫자에 해당하는 동작을 수행한다.

② **로봇 팔의 Suction Cup 제어**

㉠ [그림 4-34]와 같이 Suction Cup 함수를 On/Off 시키면서 기능을 동작/정지시킬 수 있다.

㉡ wait 블록을 사용하여 3초간 한 번씩 timer 시퀀스 제어를 실행한다.

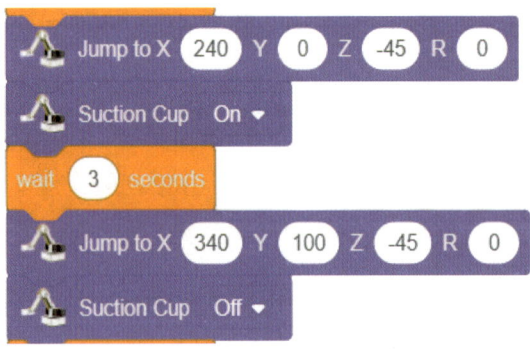

[그림 4-34] Timer 시퀀스 제어

(3) 준비

① 구성 부품

실습을 하기 위한 구성 부품들은 [표 4-2]를 참조한다.

② Magician Lite 연결

Magician Lite와 PC 연결, Magician Lite의 전원 연결은 [그림 4-4]와 [그림 4-5]을 참조한다.

③ 엔드 이펙터 연결

[그림 4-25]와 [그림 4-26]을 참조하여 연결한다.

(4) 동작 설명

① [그림 4-37]의 [a]와 같이 A 위치의 오브젝트, C 위치의 오브젝트, E 위치의 오브젝트를 B의 Y축 0 위치를 기준으로 나란히 배치한다.

② [그림 4-37]의 [b]와 같이 좌, 우, 상 방향에 있는 오브젝트를 중앙에 나란히 놓는다.

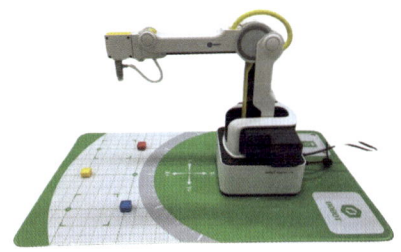
[a] 동작 전

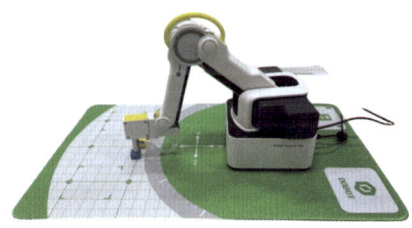
[b] 동작 후

[그림 4-37] 오브젝트 배치

(5) 소스코드

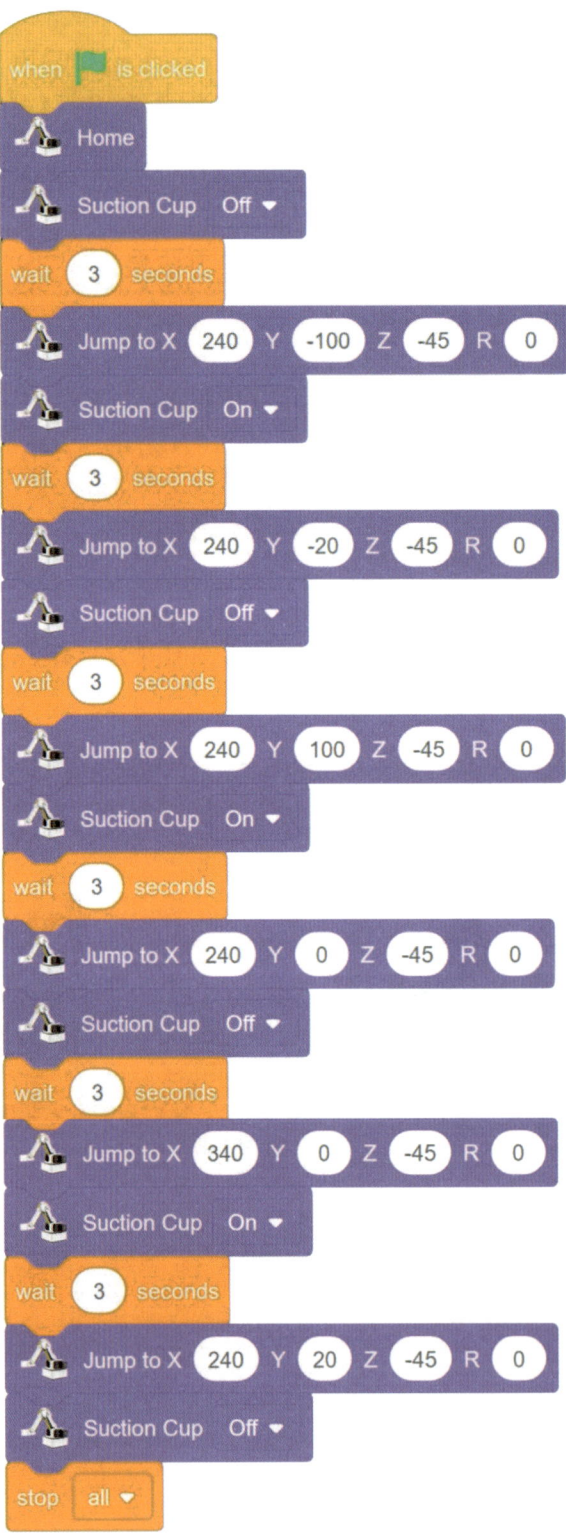

[그림 4 38] 소스코드

(6) 학습 평가

영역	번호	문 항	미흡	보통	우수
로봇 시퀀스 프로그래밍 1	1	Suction Cup 툴을 이용하여 오브젝트를 이동시키는 작업을 구현할 수 있는가?	①	②	③
	2	로봇을 순차적으로 제어하는 작업이 원활하게 진행되는가?	①	②	③
	3	여러 오브젝트들이 나란히 배치되어 있는가?	①	②	③

[표 4-7] 학습 평가

(7) 연습 문제

① 중앙에 배치된 오브젝트들을 다시 원래대로 되돌리시오.

② 엔드 이펙터를 Gripper로 바꾼 뒤, 다시 코드를 작성하여 해당 동작을 다시 구현하시오.

6. Suction cup을 사용한 로봇 제어하기

1) 교육 목적

로봇과 스마트 설비 간에 안전하고 효율적으로 협력하여 작업을 수행할 수 있도록 시스템을 검토하고 설계하는 능력이다.

(1) 실습 목적

① Dobot 로봇 팔의 기본적인 제어 방법에 대해 설명할 수 있다.

② Suction Cup을 사용하여 오브젝트를 원하는 위치로 움직일 수 있다.

③ Suction Cup을 사용하여 오브젝트를 들어 올리고 내릴 수 있다.

(2) 이론

① DobotBlock Lab에서 변수 생성 및 제어

ㄱ Step 1

[그림 4-39]와 같이 왼쪽 탭에서 Variables에 있는 Create a Variable을 클릭한다.

ㄴ Step 2

[그림 4-40]과 같이 New Variable 창이 나타나면 원하는 변수명을 적고 OK를 클릭한다.

ㄷ Step 3

[그림 4-41]과 같이 변수 생성이 완료되면 다음과 같이 블록을 사용하여 변수를 제어할 수 있다.

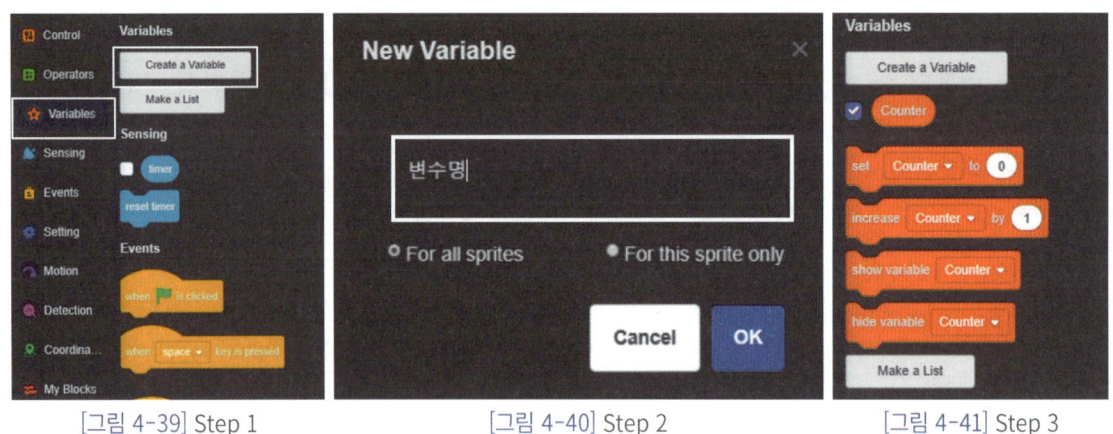

[그림 4-39] Step 1   [그림 4-40] Step 2   [그림 4-41] Step 3

② DobotBlock Lab에서 함수 생성 및 제어

ㄱ Step 1

[그림 4-42]와 같이 왼쪽 탭에서 My Blocks에 있는 Make a Block을 클릭한다.

ㄴ Step 2

[그림 4-43]와 같이 Make a Block 창이 나타나면 원하는 함수명을 적고 OK를 클릭한다. 만약 함수에 입력이 필요하다면 "숫자", "텍스트", "boolean 값"에 맞게 입력을 추가할 수 있다. 입력값의 명칭도 변경 가능하다.

ㄷ Step 3

[그림 4-44]와 같이 함수 생성이 완료되면 다음과 같이 블록을 사용하여 함수의 내용을 추가하고, 다른 곳에서 해당 함수를 사용할 수 있다.

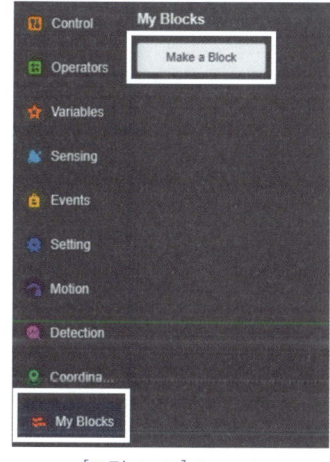

[그림 4-41] Step 1

[그림 4-42] Step 2

[그림 4-43] Step 3

(3) 준비

① 구성 부품

실습을 하기 위한 구성 부품들은 [표 4-2]를 참조한다.

② Magician Lite 연결

Magician Lite와 PC 연결, Magician Lite의 전원 연결은 [그림 4-4]와 [그림 4-5]를 참조한다.

③ 엔드 이펙터 연결

[그림 4-25]와 [그림 4-26]을 참조하여 연결한다.

(4) 동작 설명

① 중앙에 3 x 4로 배치되어 있는 오브젝트를 상단 4포인트, 좌측 4포인트, 우측 4포인트로 이동시키는 동작을 수행한다.

② 프로그램 실행 후, [그림 4-47]과 같이 로봇 팔을 초기 위치로 설정하고 Suction Cup을 비활성화한다.

③ 오브젝트를 들어올리기 위해 반복문을 사용하여 block1_positions, block2_positions, block3_positions의 각 위치로 이동하고 Suction Cup을 내려 오브젝트를 잡는다.

④ [그림 4-48]과 같이 Suction Cup을 활성화하여 오브젝트를 들어올린 후, top_positions, left_positions, right_positions에 각각 배치한다. 배치 후 Suction Cup을 비활성화하고 오브젝트를 들어 올리는 과정을 반복한다.

[그림 4-47] 동작 전

[그림 4-48] 동작 후

⑤ 주요 함수

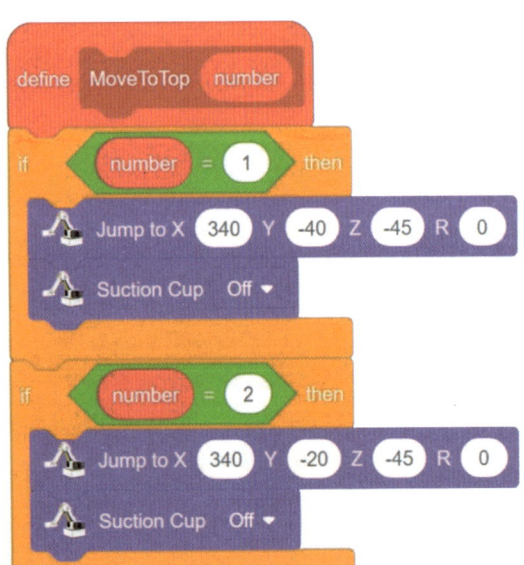

- 오브젝트(물체)를 내려놓는 함수이다.
- Number(Counter 변수) 값에 맞게 로봇 팔을 물체가 놓일 위치로 이동시킨 뒤
- 설정 좌표 위치에 물체를 내려놓는다.

[그림 4-49] 적재 함수

• 물체를 집는 함수이다.
• number(Counter 변수) 값에 맞게 로봇 팔을 좌표 위치로 이동시킨 뒤 물체를 집고 대기한다.

[그림 4-50] 흡착 함수

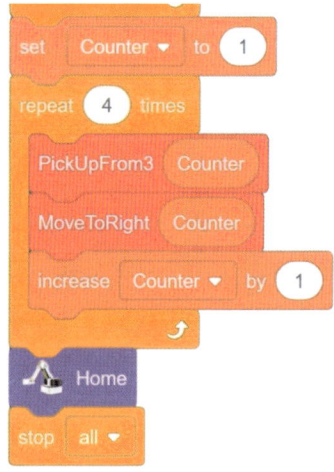

• Counter 변수를 1로 초기화하고, 물체를 집는 함수와 물체를 놓는 함수를 실행시킨다.
• 물체 하나를 이동시키면 Counter 변수를 1 증가시키고 두 번째 블록에 대해 다시 함수를 반복한다.
• 총 4번 반복한다.

[그림 4-51] 카운터 변수

(5) 소스코드

[그림 4-52] 로봇 팔 제어 1

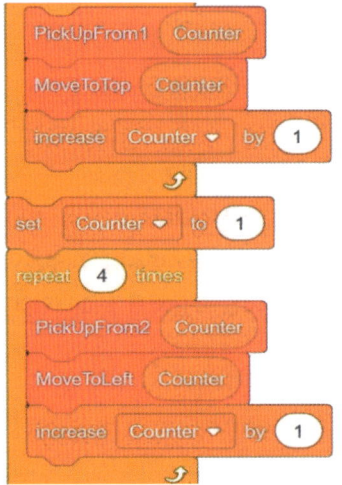

[그림 4-53] 로봇 팔 제어 2

[그림 4-54] 로봇 팔 제어 3

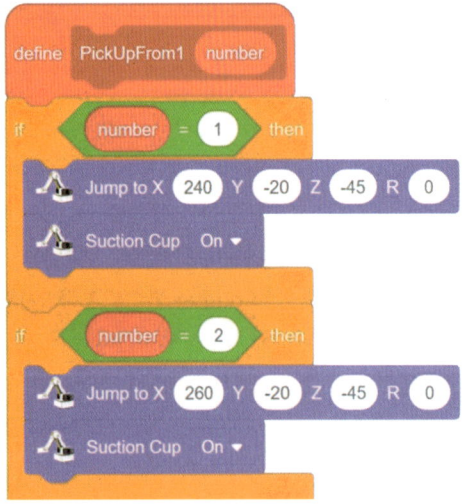

[그림 4-55] 오브젝트 상승 1-1

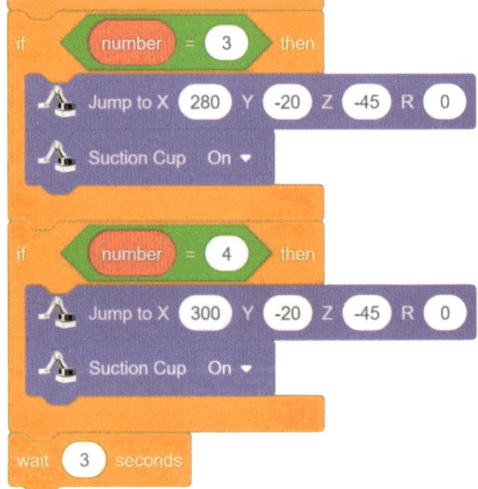

[그림 4-56] 오브젝트 상승 1-2

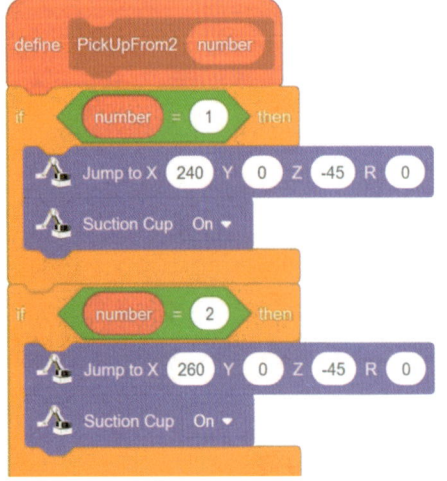

[그림 4-57] 오브젝트 상승 2-1

[그림 4-58] 오브젝트 상승 2-2

[그림 4-59] 오브젝트 상승 3-1

[그림 4-60] 오브젝트 상승 3-2

[그림 4-61] 오브젝트 이동 1-1

[그림 4-62] 오브젝트 이동 1-2

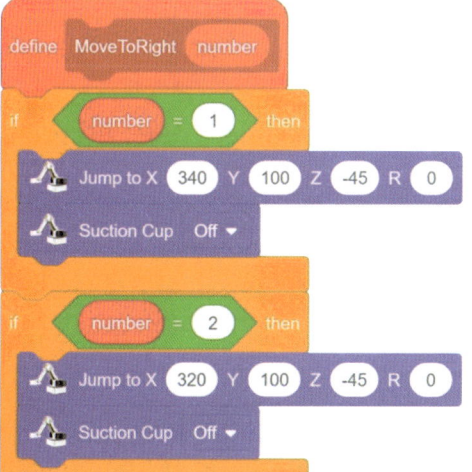

[그림 4-63] 오브젝트 이동 2-1

[그림 4-64] 오브젝트 이동 2-2

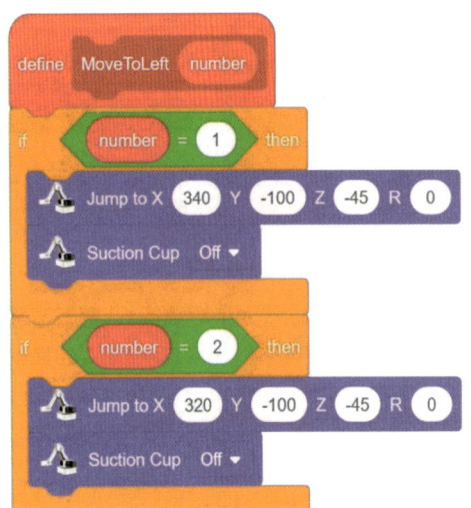

[그림 4-65] 오브젝트 이동 3-1

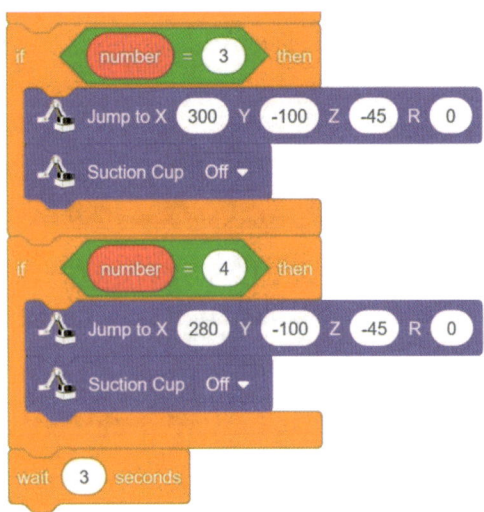

[그림 4-66] 오브젝트 이동 3-2

(6) 학습 평가

영역	번호	문 항	미흡	보통	우수
로봇 시퀀스 프로그래밍 실습 2	1	로봇 팔의 제어 방법에 대해 설명할 수 있는가?	①	②	③
	2	로봇을 순차적으로 제어하는 작업이 원활하게 진행되는가?	①	②	③
	3	여러 오브젝트들이 나란히 배치되어 있는가?	①	②	③

[표 4-8] 학습 평가

(7) 연습 문제

펼쳐진 블록들을 색상별로 각각 A, B, C 위치에서 나란히 위로 쌓으시오.

7. 선입선출 기반 로봇 제어하기

1) 교육 목적

로봇과 스마트 설비 간에 안전하고 효율적으로 협력하여 작업을 수행할 수 있도록 시스템을 검토하고 설계하는 능력이다.

(1) 실습 목적

① 선입선출의 개념에 대해 설명할 수 있다.

② Suction Cup을 사용하여 오브젝트를 원하는 위치로 움직일 수 있다.

③ Suction Cup을 사용하여 오브젝트를 들어올리고 내릴 수 있다.

(2) 이론

① DobotBlock Lab에서 변수 생성 및 제어

㉠ Step 1

[그림 4-67]과 같이 왼쪽 탭에서 Variables에 있는 Create a Variable을 클릭한다.

㉡ Step 2

[그림 4-68]과 같이 New Variable 창이 나타나면 원하는 변수명을 적고 OK를 클릭한다.

㉢ Step 3

[그림 4-69]와 같이 변수 생성이 완료되면 다음과 같이 블록을 사용하여 변수를 제어할 수 있다.

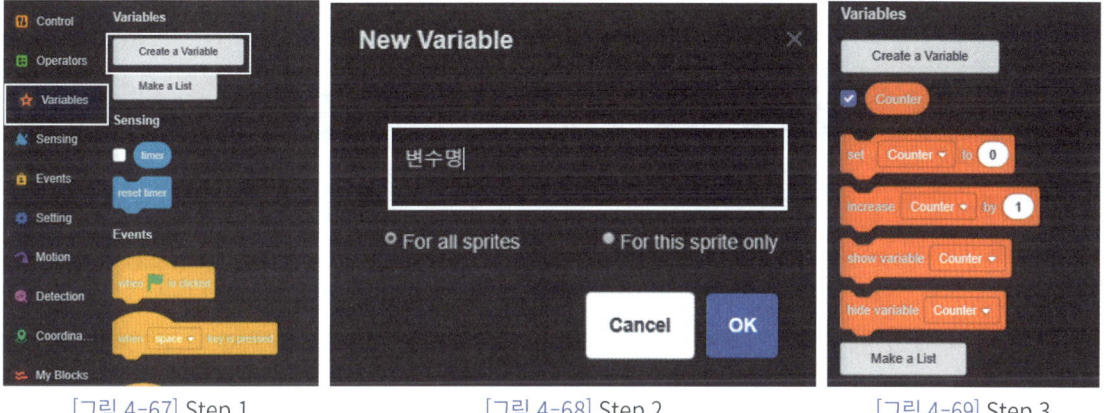

[그림 4-67] Step 1   [그림 4-68] Step 2   [그림 4-69] Step 3

② DobotBlock Lab에서 함수 생성 및 제어

㉠ Step 1

[그림 4-70]과 같이 왼쪽 탭에서 My Blocks에 있는 Make a Block을 클릭한다.

㉡ Step 2

[그림 4-71]과 같이 Make a Block의 입력 창에 함수명을 적고 OK를 클릭한다. 만약 함수에 입력이 필요하다면 "숫자", "텍스트", "boolean 값"에 맞게 입력을 추가할 수 있다. 입력값의 명칭도 변경 가능하다.

ⓒ Step 3

[그림 4-72]와 같이 함수 생성이 완료되면 다음과 같이 블록을 사용하여 함수의 내용을 추가하고, 다른 곳에서 해당 함수를 사용할 수 있다.

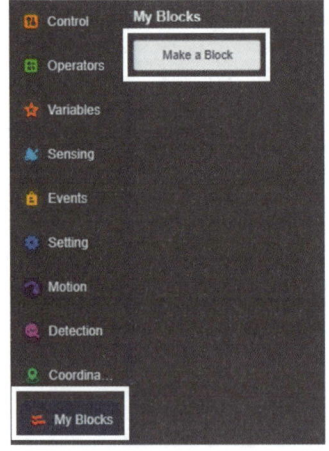

[그림 4-70] Step 1

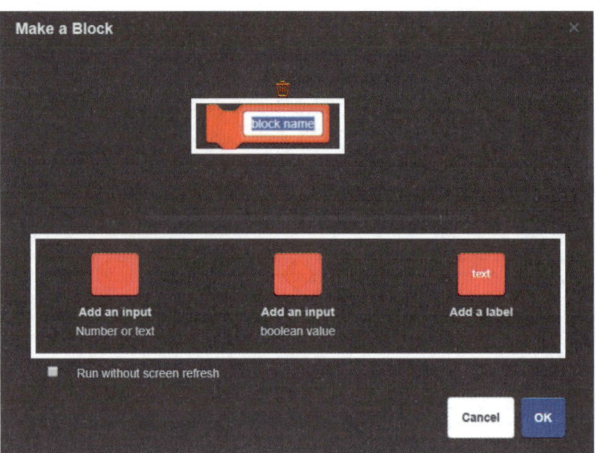

[그림 4-71] Step 2

[그림 4-72] Step 3

③ 선입선출(First In First Out, FIFO)

ⓐ [그림 4-73]과 같이 가장 먼저 들어온 물품을 가장 먼저 꺼내는 방법이다.

ⓑ 일반적으로 제조 일자 등이 중요한 물품을 다룰 때 사용한다.

ⓒ 먼저 입고된 물품이 먼저 출고되어 유통 기한 관리가 용이하다.

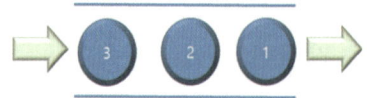

[그림 4-73] 선입선출법 예시

(3) 준비

① 구성 부품

실습을 하기 위한 구성 부품들은 [표 4-2]를 참조한다.

② Magician Lite 연결

Magician Lite와 PC 연결, Magician Lite의 전원 연결은 [그림 4-4]와 [그림 4-5]를 참조한다.

③ 엔드 이펙터 연결

[그림 4-25]와 [그림 4-26]을 참조하여 연결한다.

(4) 동작 설명

[그림 4-76]과 [그림 4-77]과 같이 로봇 팔을 이용하여 로봇 시퀀스 프로그래밍 실습 2에서 넣었던 오브젝트를 선입선출의 방식으로 꺼낼 수 있다.

[그림 4-76] 동작 전   [그림 4-77] 동작 후

① 주요 함수

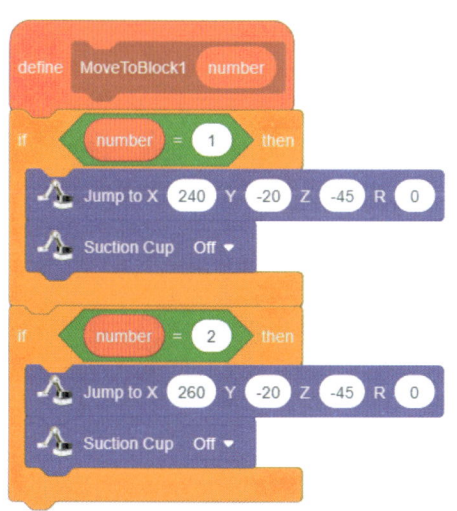

• 물건을 내려놓는 함수이다.
• Number(Counter 변수) 값에 맞게 로봇 팔을 물체가 놓일 좌표 위치로 이동시킨 뒤 물체를 내려놓는다.

[그림 4-78] 적재 함수

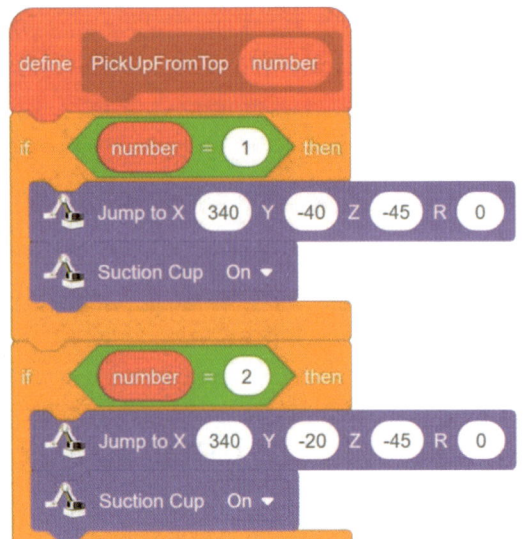

- 물체를 집는 함수이다.
- number(Counter 변수) 값에 맞게 로봇 팔을 물체가 놓인 좌표 위치로 이동시킨 뒤 물체를 집고 대기한다.

[그림 4-79] 흡착 함수

- Counter 변수를 1로 초기화하고, 물체를 집는 함수와 물체를 놓는 함수를 실행시킨다.
- 물체 하나를 이동시키면 Counter 변수를 '1' 증가시키고 두 번째 블록에 대해 다시 함수를 반복한다.
- 총 4번 반복한다.

[그림 4-80] 카운터 변수

(5) 소스코드

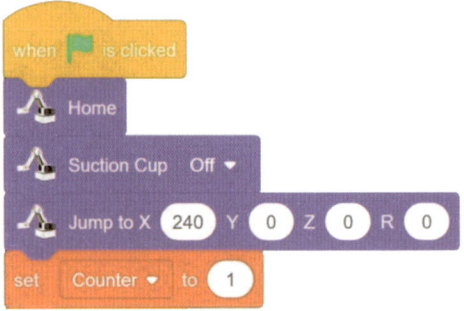

[그림 4-81] 로봇 팔 제어 1

[그림 4-82] 로봇 팔 제어 2

[그림 4-83] 로봇 팔 제어 3

[그림 4-84] 오브젝트 상승 1-1

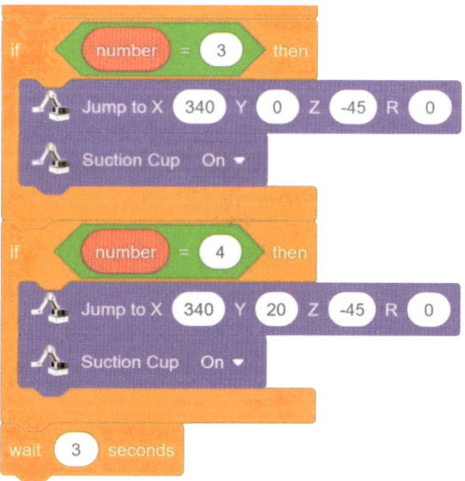

[그림 4-85] 오브젝트 상승 1-2

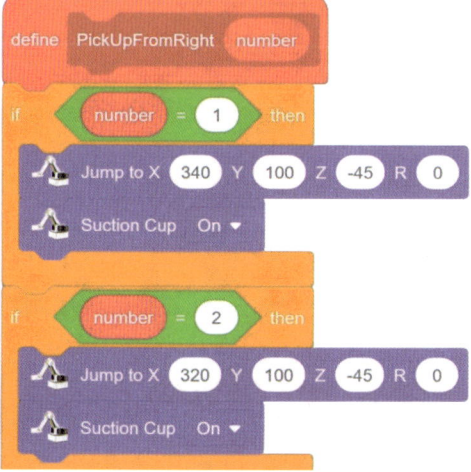

[그림 4-86] 오브젝트 상승 2-1

[그림 4-87] 오브젝트 상승 2-2

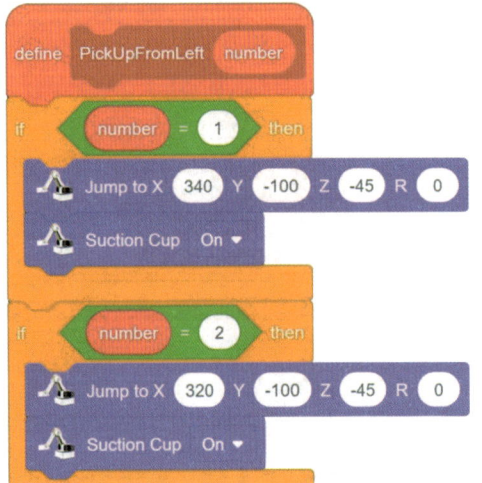

[그림 4-88] 오브젝트 상승 3-1

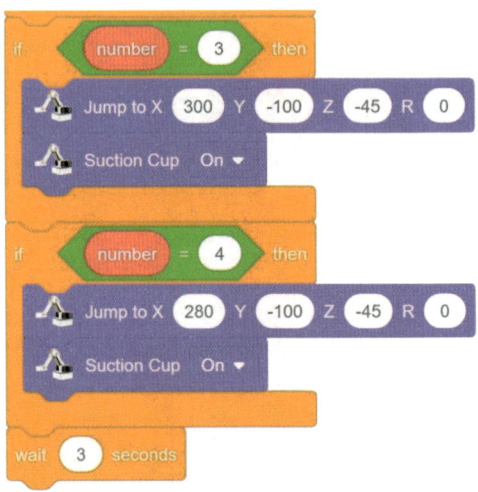

[그림 4-89] 오브젝트 상승 3-2

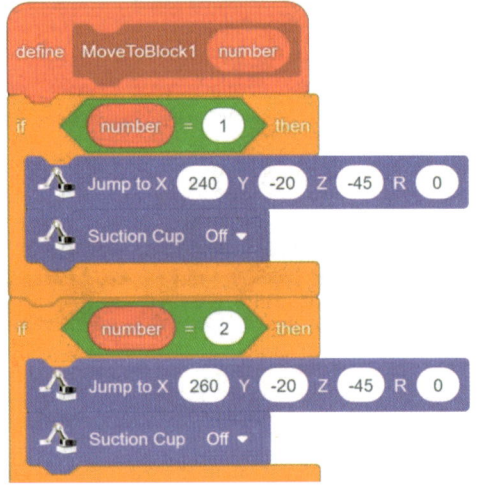

[그림 4-90] 오브젝트 이동 1-1

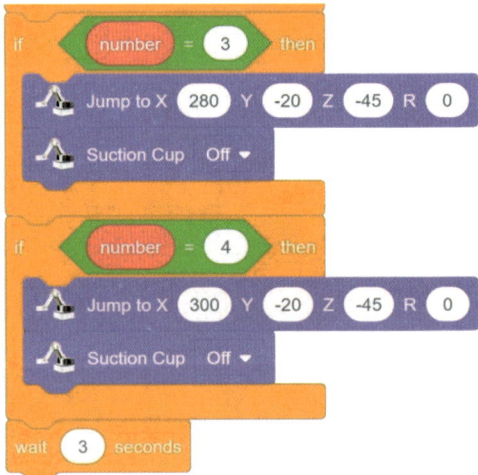

[그림 4-91] 오브젝트 이동 1-2

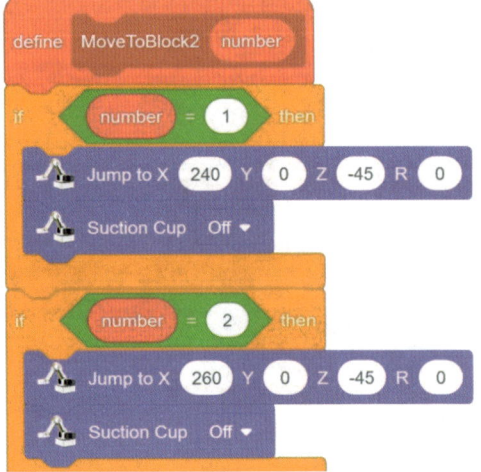

[그림 4-92] 오브젝트 이동 2-1

[그림 4-93] 오브젝트 이동 2-2

[그림 4-94] 오브젝트 이동 3-1

[그림 4-95] 오브젝트 이동 3-2

(6) 학습 평가

영역	번호	문 항	미흡	보통	우수
로봇 시퀀스 프로그래밍 실습 3	1	로봇 팔의 제어 방법에 대해 설명할 수 있는가?	①	②	③
	2	로봇을 순차적으로 제어하는 작업이 원활하게 진행되는가?	①	②	③
	3	여러 오브젝트들이 나란히 배치되어 있는가?	①	②	③

[표 4-9] 학습 평가

(7) 연습 문제

Gripper를 사용하여 위의 실습을 반복하시오.

8. 후입선출 기반 로봇 제어하기

1) 교육 목적

로봇과 스마트 설비 간에 안전하고 효율적으로 협력하여 작업을 수행할 수 있도록 시스템을 검토하고 설계하는 능력이다.

(1) 실습 목적

① 후입선출의 개념에 대해 설명할 수 있다.

② Suction Cup을 사용하여 오브젝트를 원하는 위치로 움직일 수 있다.

③ Suction Cup을 사용하여 오브젝트를 들어올리고 내릴 수 있다.

(2) 이론

① DobotBlock Lab에서 변수 생성 및 제어

ㄱ Step 1

[그림 4-96]과 같이 왼쪽 탭에서 Variables에 있는 Create a Variable을 클릭한다.

ㄴ Step 2

[그림 4-97]과 같이 New Variable 창이 나타나면 원하는 변수명을 적고 OK를 클릭한다.

ㄷ Step 3

[그림 4-98]과 같이 변수 생성이 완료되면 다음과 같이 블록을 사용하여 변수를 제어할 수 있다.

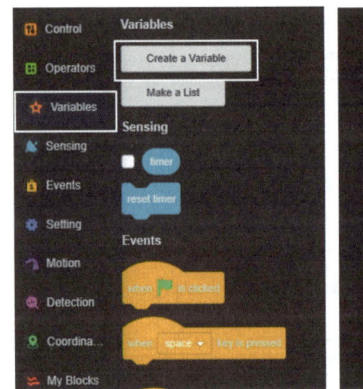

[그림 4-96] Step 1

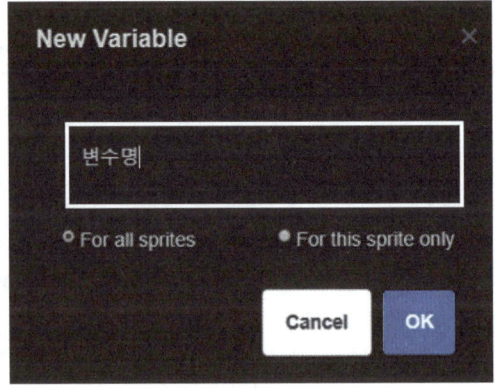

[그림 4-97] Step 2

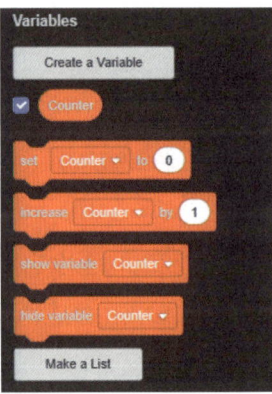

[그림 4-98] Step 3

② DobotBlock Lab에서 함수 생성 및 제어

ㄱ Step 1

[그림 4-99]와 같이 My Blocks에 있는 Make a Block을 클릭한다.

ㄴ Step 2

[그림 4-100]과 같이 Make a Block의 창에 원하는 함수명을 적고 OK를 클릭한다. 만약 함수에 입력이 필요하다면 "숫자", "텍스트", "boolean 값"에 맞게 입력을 추가할 수 있다. 입력값의 명칭도 변경 가능하다.

ⓒ Step 3

[그림 4-101]과 같이 함수 생성이 완료되면 다음과 같이 블록을 사용하여 함수의 내용을 추가하고, 다른 곳에서 해당 함수를 사용할 수 있다.

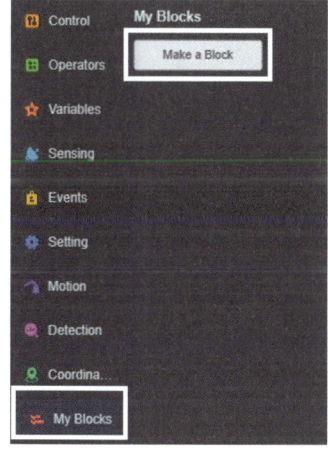

[그림 4-99] Step 1.psd

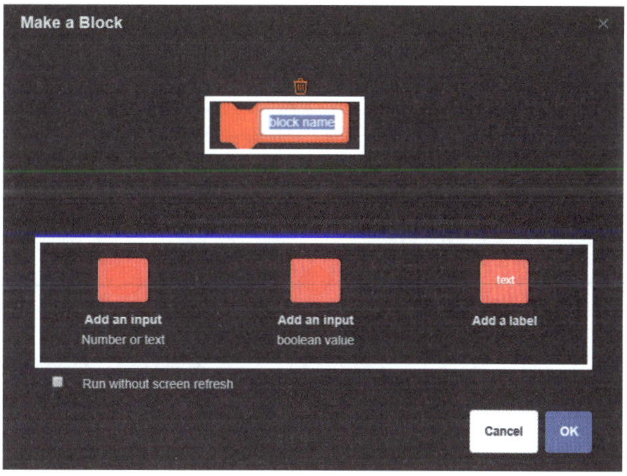

[그림 4-100] Step 2

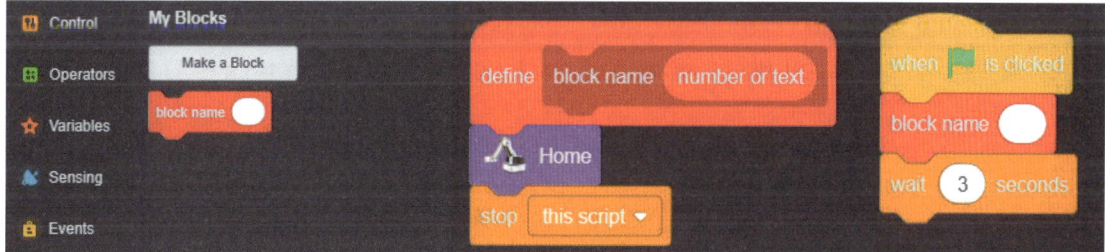

[그림 4-101] Step 3

③ 후입선출(Last In First Out, LIFO)

㉠ [그림 4-102]와 같이 가장 나중에 들어온 물품을 가장 먼저 꺼내는 방법이다.

㉡ 창고 내의 적치 위치를 최소화하기에 용이하다.

㉢ 물품의 출고 시간을 단축할 수 있다.

㉣ 물품이 무겁거나 큰 경우에 창고의 공간 효율성이 크다.

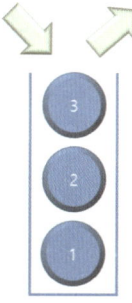

[그림 4-102] 후입선출법 예시

(3) 준비

① 구성 부품

실습을 하기 위한 구성 부품들은 [표 4-2]를 참조한다.

② Magician Lite 연결

Magician Lite와 PC 연결, Magician Lite의 전원 연결은 [그림 4-4]와 [그림 4-5]를 참조한다.

③ 엔드 이펙터 연결

[그림 4-25]와 [그림 4-26]을 참조하여 연결한다.

(4) 동작 설명

[그림 4-105]와 [그림 4-106] 같이 로봇 팔을 이용하여 로봇 시퀀스 프로그래밍 실습 2에서 넣었던 오브젝트를 후입선출의 방식으로 꺼낼 수 있다.

[그림 4-105] 동작 전

[그림 4-106] 동작 후

① 주요 함수

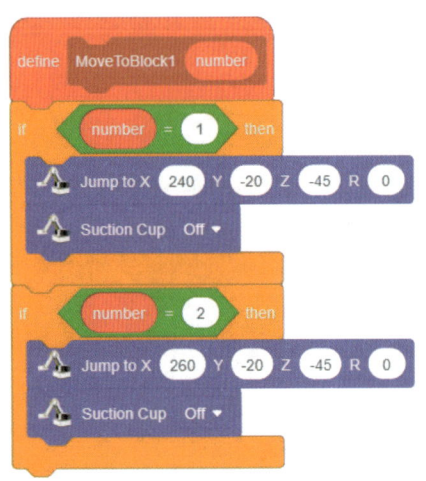

- 물체를 내려놓는 함수이다.
- Number(Counter 변수) 값에 맞게 로봇 팔을 물체가 놓일 위치 좌표로 이동시킨 뒤 물체를 내려놓는다.

[그림 4-107] 적재 함수

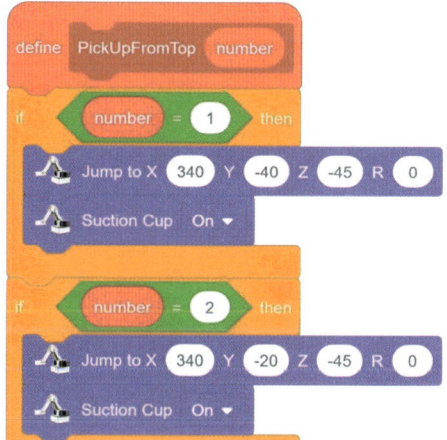

- 물체를 집는 함수이다.
- number(Counter 변수) 값에 맞게 로봇 팔을 물체가 놓인 위치 좌표로 이동시킨 뒤 물체를 집고 대기한다.

[그림 4-108] 흡착 함수

- Counter 변수를 1로 초기화하고, 물체를 집는 함수와 물체를 놓는 함수를 실행시킨다.
- 물체 하나를 이동시키면 Counter 변수를 1 감소시키고 두 번째 블록에 대해 다시 함수를 반복한다.
- 총 4번 반복한다.

[그림 4-109] 카운터 변수

(5) 소스코드

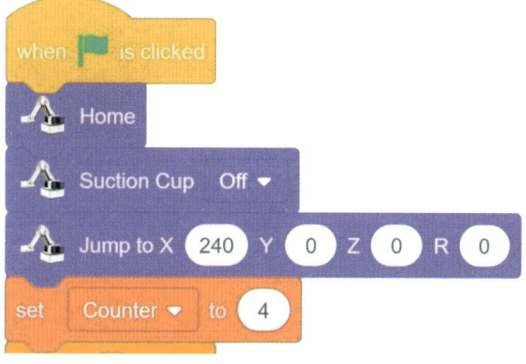

[그림 4-110] 로봇 팔 제어 1

[그림 4-111] 로봇 팔 제어 2

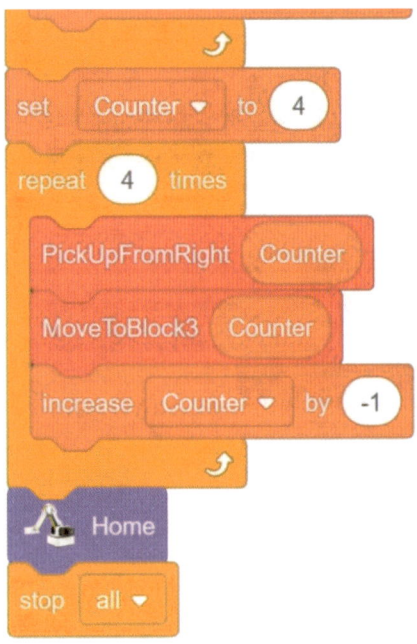

[그림 4-112]로봇 팔 제어 3

[그림 4-113] 오브젝트 상승 1-1

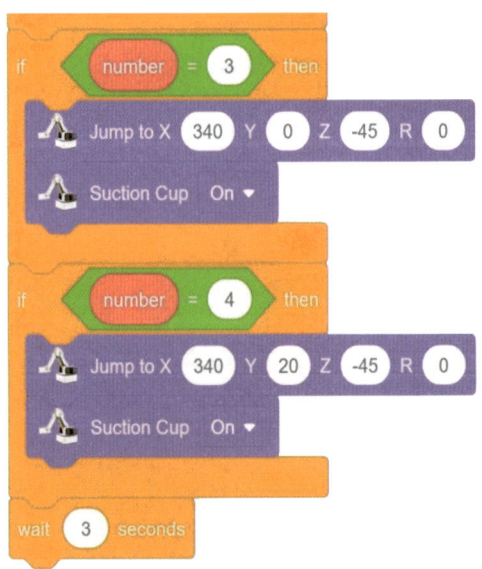

[그림 4-114] 오브젝트 상승 1-2

[그림 4-115] 오브젝트 상승 2-1

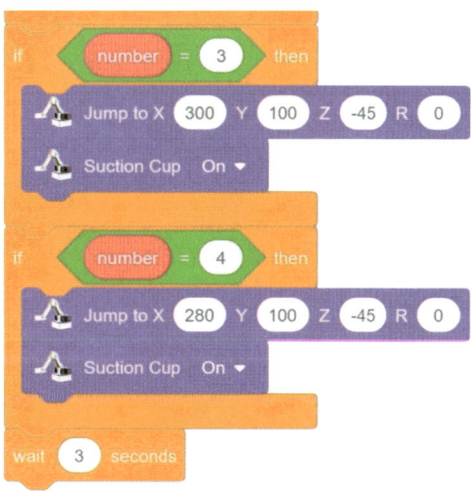

[그림 4-116] 오브젝트 상승 2-2

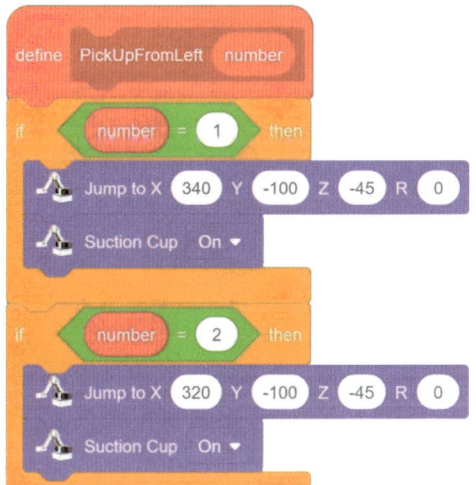

[그림 4-117] 오브젝트 상승 3-1

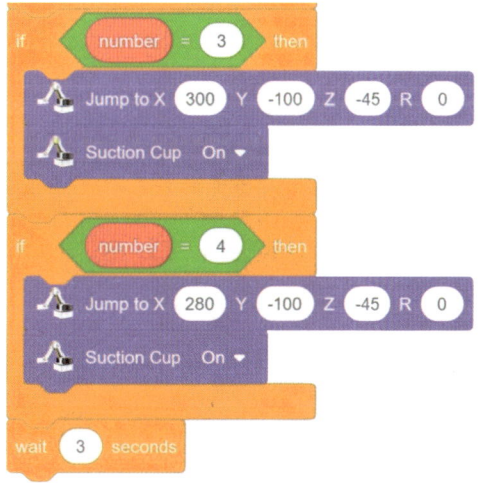

[그림 4-118] 오브젝트 상승 3-2

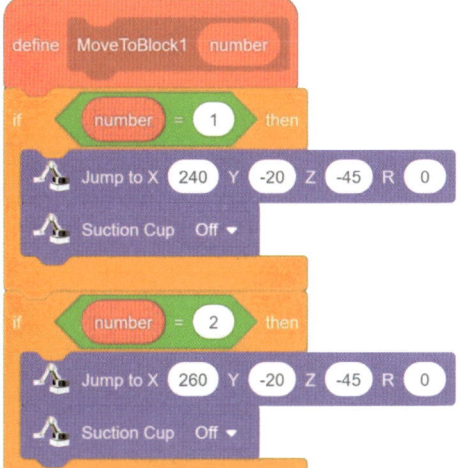

[그림 4-119] 오브젝트 이동 1-1

[그림 4-120] 오브젝트 이동 1-2

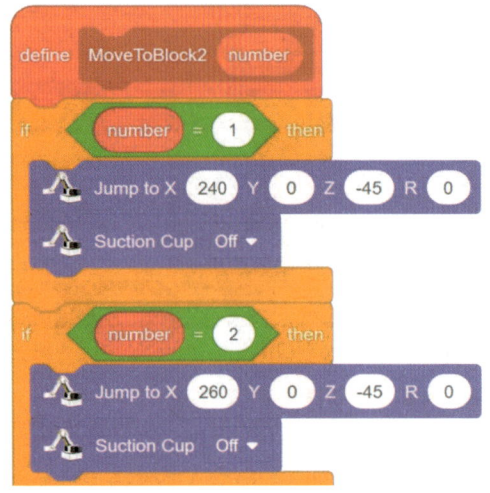

[그림 4-121] 오브젝트 이동 2-1

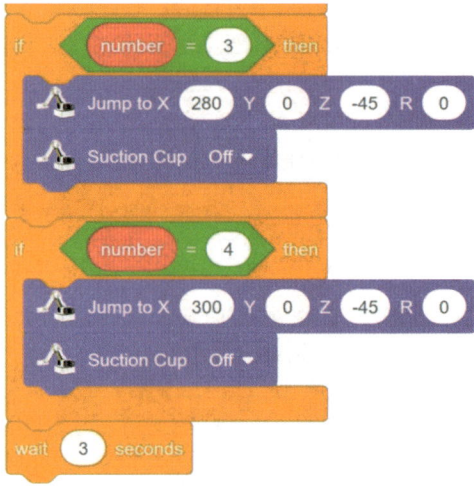

[그림 4-122] 오브젝트 이동 2-2

[그림 4-123] 오브젝트 이동 3-1

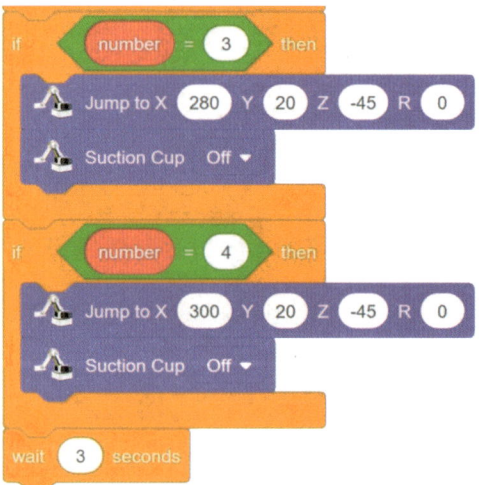

[그림 4-124] 오브젝트 이동 3-2

(6) 학습 평가

영역	번호	문 항	미흡	보통	우수
로봇 시퀀스 프로그래밍 실습 4	1	로봇 팔의 제어 방법에 대해 설명할 수 있는가?	①	②	③
	2	로봇을 순차적으로 제어하는 작업이 원활하게 진행되는가?	①	②	③
	3	여러 오브젝트들이 나란히 배치되어 있는가?	①	②	③

[표 4-10] 학습 평가

(7) 연습 문제

Gripper를 사용하여 위의 실습을 반복하시오.

1) 교육 목적

로봇과 스마트 설비 간에 안전하고 효율적으로 협력하여 작업을 수행할 수 있도록 시스템을 검토하고 설계하는 능력이다.

(1) 실습 목적

① Camera Kit를 사용하여 오브젝트를 인식할 수 있다.

② 오브젝트 색상에 따라 로봇 팔의 움직임을 제어할 수 있다.

(2) 이론

① AI 기능 사용

ⓐ DobotBlock Lab에는 객체 인식, 음성 인식, 얼굴 인식, OCR 검출 등 여러 기능이 AI 항목에 묶여 제공된다.

ⓑ 초기 DoboBlock Lab 화면에서 제공하지 않고 사용자가 따로 추가해야 한다.

ⓒ Step 1

[그림 4-125]와 같이 화면의 왼쪽 하단에 ▓ Extend 버튼을 클릭한다.

ⓓ Step 2

[그림 4-126]과 같이 + Add extension 버튼을 눌러 AI 기능을 추가한다.

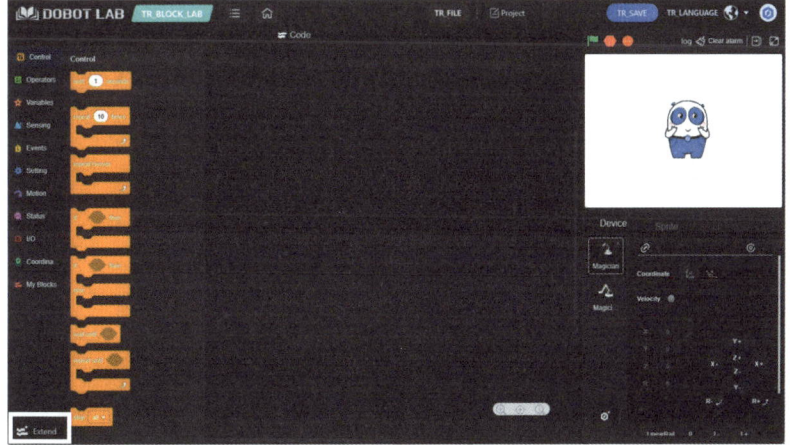

[그림 4-125] Step 1

[그림 4–126] Step 2

ⓜ [그림 4-127]과 같이 여러 기능을 제공하는 모습을 확인할 수 있다.

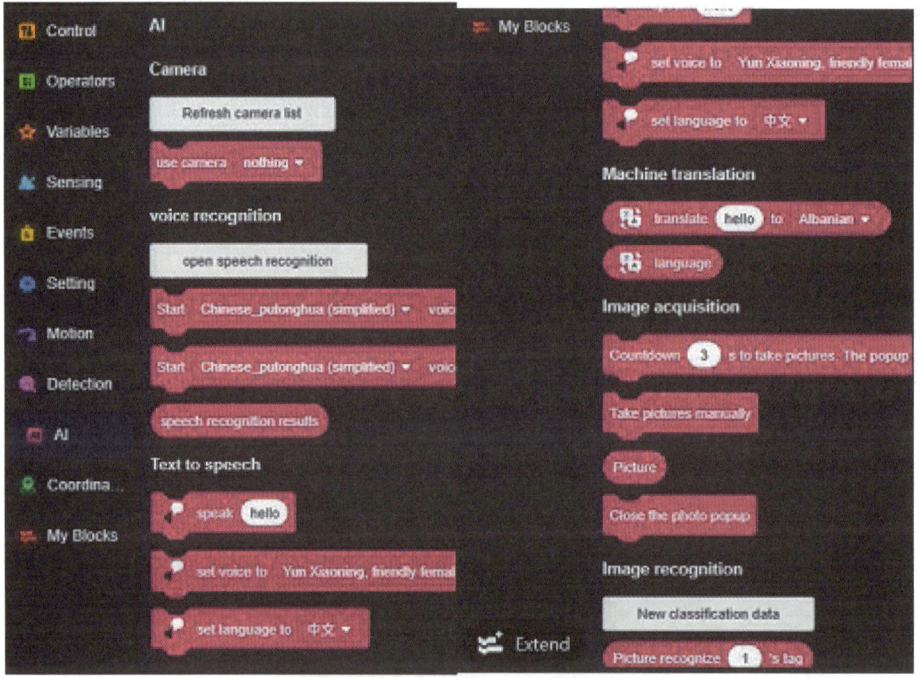

[그림 4-127] Block Lab에서 제공하는 AI 기능

② **카메라 제어: 색상 판별**

ⓐ PC에 카메라를 연결하면 use camera에 카메라 명이 나타난다.

ⓑ 카메라가 연결되면 5초 뒤에 이미지를 촬영하고, 그 결과물을 팝업으로 띄운다.

ⓒ 이미지 촬영 후 사용자가 지정한 데이터셋을 통해 해당 이미지에 대한 정보가 tag 형태로 저장된다.

㉣ 따라서 If문을 사용하여 Picture 객체의 tag를 파악하면 현재 물체의 색상에 따른 로봇 팔 동작이 가능하다. 데이터셋을 통해 학습된 이미지와 유사도가 가장 높은 tag를 사용한다. [그림 4-128]은 카메라 제어 블록이다.

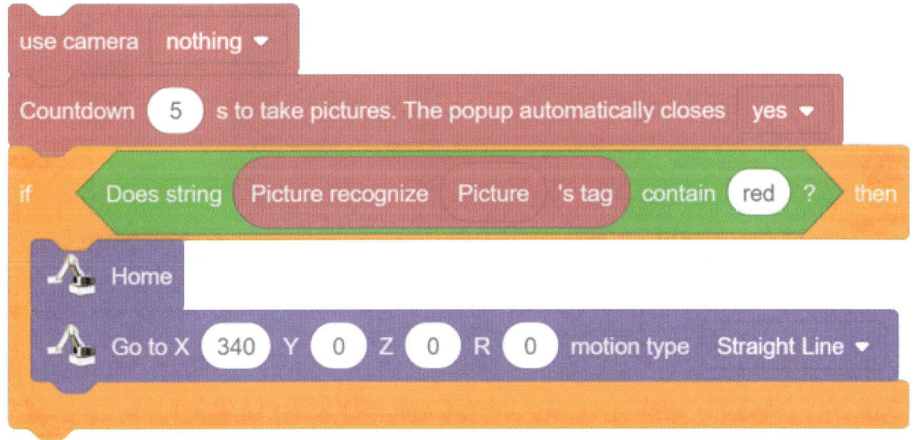

[그림 4-128] 카메라 제어 블록

③ 데이터 학습: 색상 판별

㉠ 영상을 캡처하기 전에 먼저 데이터 학습을 해야 한다.

㉡ Step 1

[그림 4-129]와 같이 DobotLab의 왼쪽 AI -> Edit classification data에 들어간다.

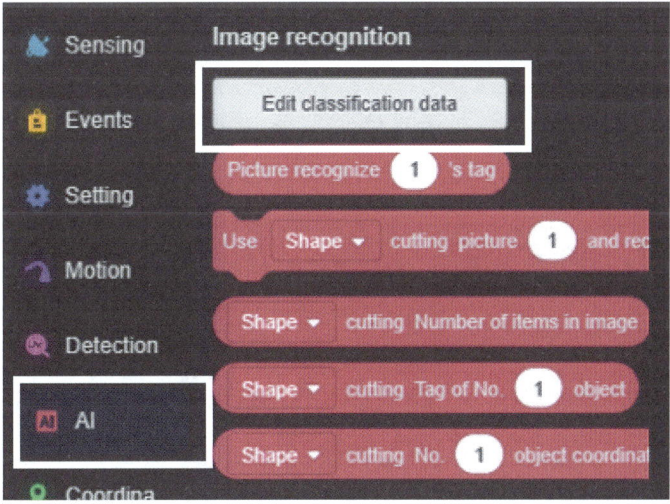

[그림 4-129] Step 1

ⓒ Step 2

[그림 4-130]과 같이 순서에 맞게 설정해 준다.

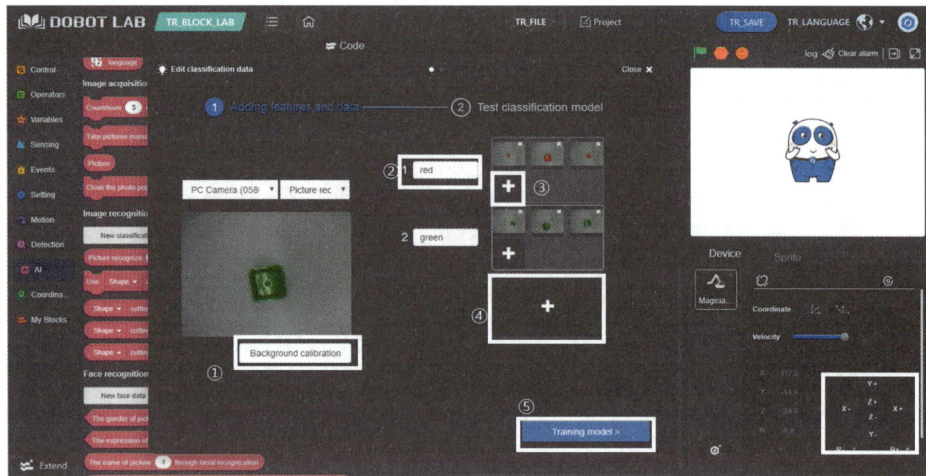

[그림 4-130] Step 2

ⓔ 1번은 현재 배경을 기본값으로 설정하기 때문에 물체가 없이 바닥만을 바라본 상태에서 실행한다. (만약 실행되지 않는다면 로그인이 되어 있는지 확인한다.)

ⓜ 2번은 사용자가 지정할 데이터셋의 이름을 의미한다.

ⓗ 3번의 경우, 여러 사진을 촬영하여 정확도를 높일 때 사용한다. 우측 하단의 패널을 통해 로봇 팔을 조작하거나 물체를 움직이며 이미지를 추가한다.

ⓢ 4번을 눌러 추가로 데이터셋(다른 색상, red, green…)을 추가해 주고 설정이 끝나면 5번을 눌러 다음 단계로 넘어간다.

ⓞ [그림 4-131]과 같이 다음 화면에서 물체를 바꿔가면서 해당 데이터셋에 있는 %가 100%에 가깝다면 Finish를 누르고, 아니라면 이전으로 돌아가 데이터를 추가한다.

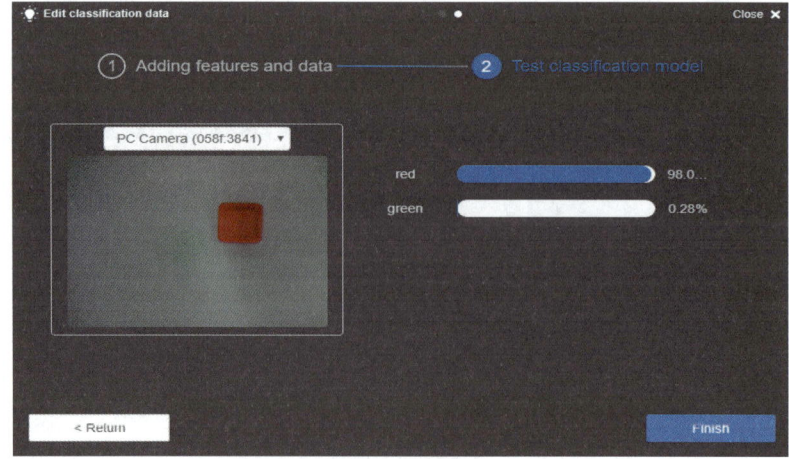

[그림 4-131] 데이터셋 정확도 판별

(3) 준비

① 구성 부품

실습을 하기 위한 구성 부품들은 [표 4-2]를 참조한다.

② Magician Lite 연결

Magician Lite와 PC 연결, Magician Lite의 전원 연결은 [그림 4-4]와 [그림 4-5]를 참조한다.

③ 카메라 연결

ㄱ Step 1

[그림 4-132]와 같이 카메라 kit에 있는 나사들을 풀어 준다.

ㄴ Step 2

[그림 4-133]과 같이 카메라 kit를 엔드 이펙터에 장착한다.

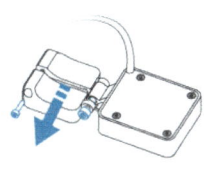

[그림 4-132] Step 1

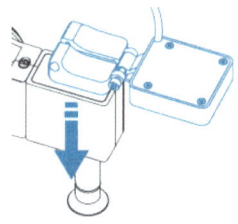

[그림 4-133] Step 2

ㄷ Step 3

[그림 4-134]와 같이 나사를 조여서 카메라 kit의 위치를 엔드 이펙터에 고정한다.

ㄹ Step 4

[그림 4-135]와 같이 카메라 kit USB 케이블을 사용하여 PC에 카메라를 연결한다.

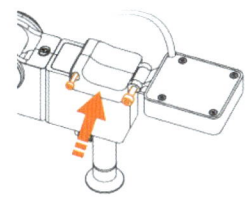

[그림 4-134] Step 3

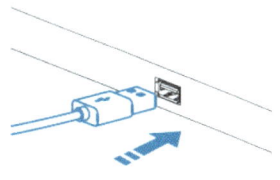

[그림 4-135] Step 4

ⓜ Step 5

[그림 4-136]과 같이 카메라의 각도를 정한다. 0°~135° 범위 안에서 설정할 수 있다.

ⓗ 주의 사항

[그림 4-137]과 같이 카메라의 각도를 설정하기 전에 나사를 살짝 풀어 준다.

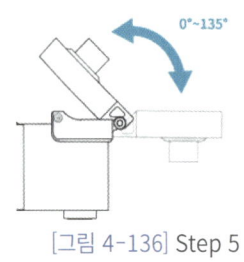

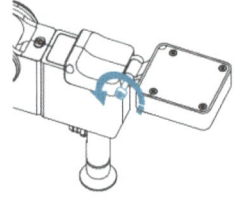

[그림 4-136] Step 5   [그림 4-137] 주의사항

(4) 동작 설명

[그림 4-138]의 [a], [b]와 [c]와 같이 로봇 팔이 특정 위치에 가면 Camera Kit를 이용하여 5초 동안 오브젝트 사진을 촬영하고, 촬영된 사진 색상에 따라 로봇 팔을 이동시킨다.

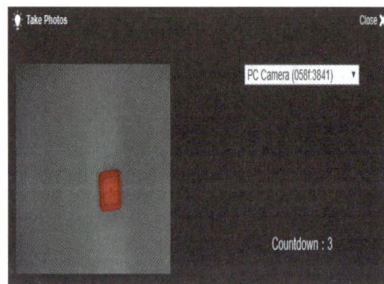

[a] 로봇 팔 배치   [b] 데이터 학습 후

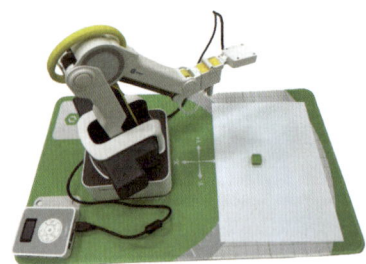

[c] green 인식 후 동작
[그림 4-138] 로봇 이동

(5) 소스코드

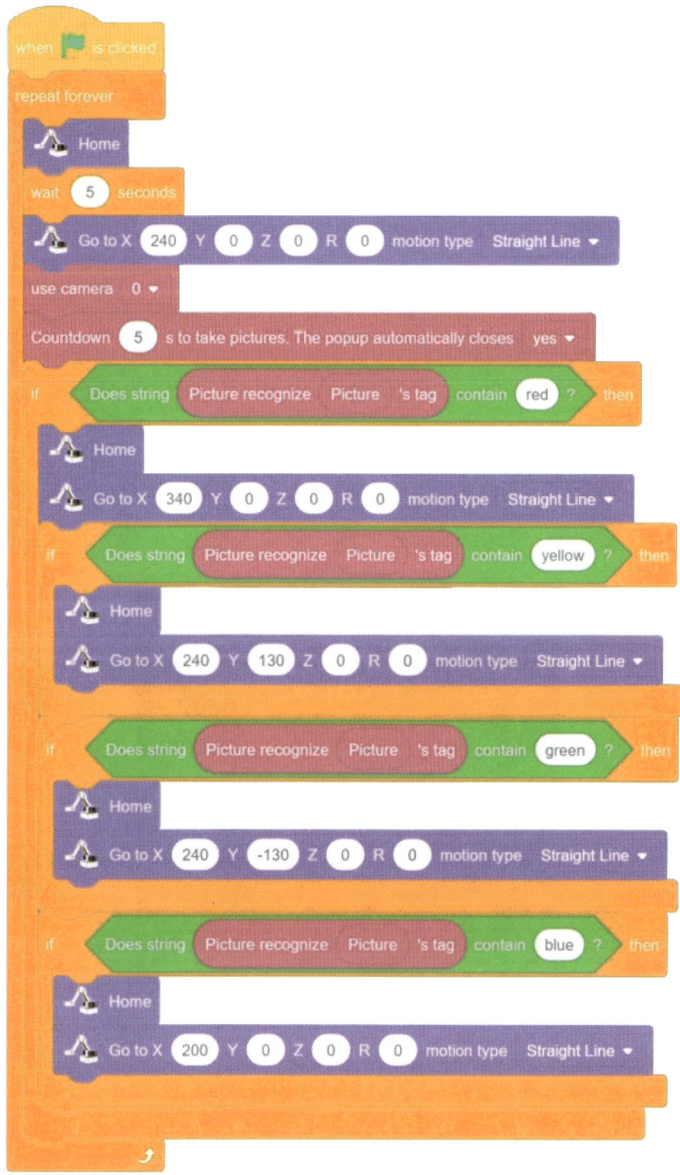

[그림 4-139] 소스코드

(6) 학습 평가

영역	번호	문 항	미흡	보통	우수
이미지 인식하기	1	Camera Kit로 올바른 색상을 식별하였는가?	①	②	③
	2	오브젝트 색상에 따른 로봇 팔의 동작이 올바르게 이뤄졌는가?	①	②	③
	3	좌우상하 로봇 팔의 움직임이 자연스러운가?	①	②	③

[표 4-11] 학습 평가

(7) 참고자료

[파이썬 프로그래밍 코드]

```python
import cv2
# 이미지 읽기
img = cv2.imread('test.jpg', 1)
# 이미지 화면에 표시
cv2.imshow('Test Image', img)
cv2.waitKey(0)
# 이미지 윈도우 삭제
cv2.destroyAllWindows()
# 이미지 다른 파일로 저장
cv2.imwrite('test2.png', img)
```

[표 4-12] 프로그래밍 코드

이미지 처리 프로그래밍, OpenCV-Python은 개발자가 컴퓨터 비전 애플리케이션용 이미지를 처리하는 데 사용하는 라이브러리이다.

이미지의 동시 읽기/쓰기, 2D 환경에서 3D 환경 구축, 동영상에서 이미지 캡처 및 분석과 같은 이미지 처리 작업을 위한 많은 함수를 제공한다.

10. 얼굴 인식하기

1) 교육 목적

로봇과 스마트 설비 간에 안전하고 효율적으로 협력하여 작업을 수행할 수 있도록 시스템을 검토하고 설계하는 능력이다.

(1) 실습 목적

① Camera Kit를 사용하여 사람의 얼굴을 인식할 수 있다.

② 인식된 얼굴에 따라 로봇 팔의 움직임을 제어할 수 있다.

(2) 이론

① AI 기능 사용

㉠ DobotBlock Lab에는 객체 인식, 음성 인식, 얼굴 인식, OCR 검출 등 여러 기능이 AI 항목에 묶여 제공된다.

㉡ 초기 DoboBlock Lab 화면에서 제공하지 않고 사용자가 따로 추가해야 한다.

㉢ Step 1

[그림 4-140]과 같이 화면의 왼쪽 하단에 ⚡ Extend 버튼을 클릭한다.

㉣ Step 2

[그림 4-141]과 같이 + Add extension 버튼을 눌러 AI 기능을 추가한다.

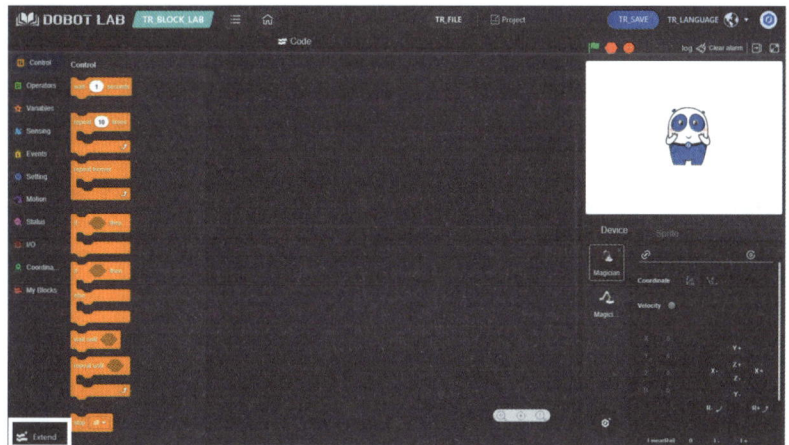

[그림 4-140] Step 1

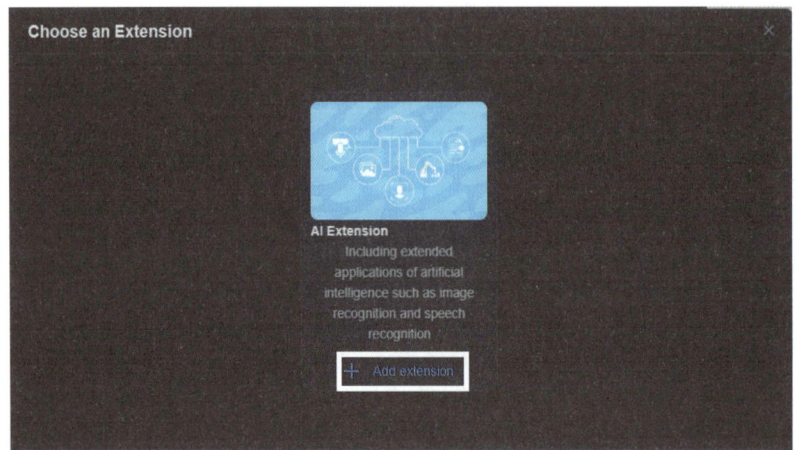

[그림 4-141] Step 2

ㅁ [그림 4-142]와 같이 여러 기능을 제공하는 모습을 확인할 수 있다.

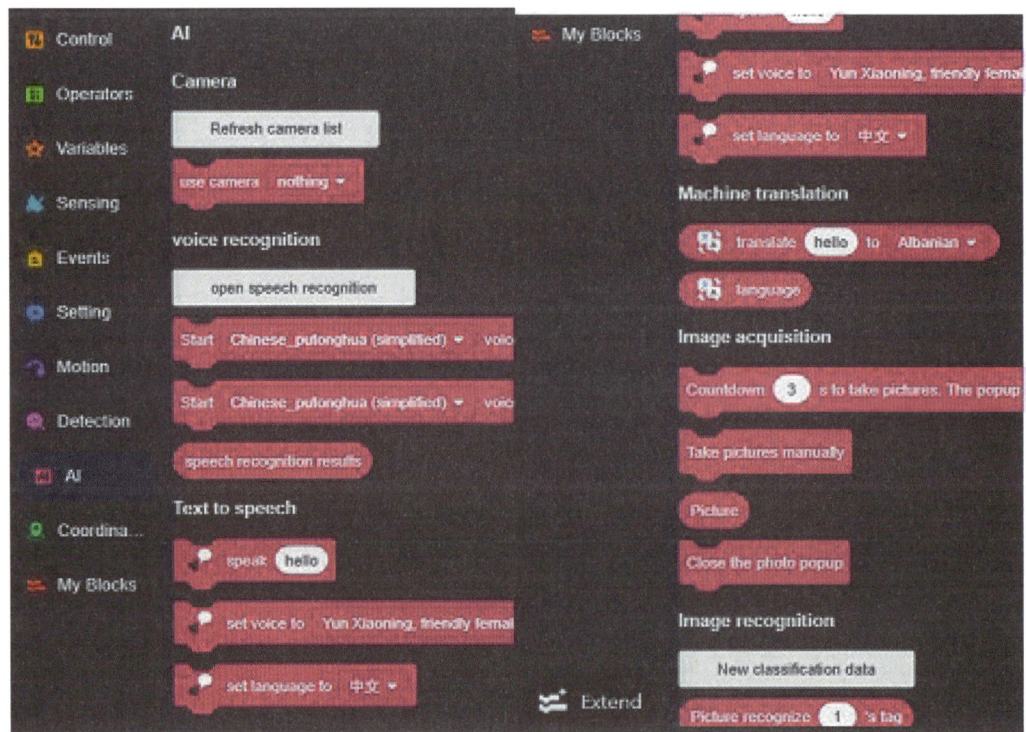

[그림 4-142] Block Lab에서 제공하는 AI 기능

② **카메라 제어: 얼굴 인식**

ㄱ PC에 카메라를 연결하면 use camera에 카메라 명이 나타난다.

ㄴ 카메라가 연결되면 5초 뒤에 이미지를 촬영하고, 그 결과물을 팝업으로 띄운다.

ⓒ 이미지 촬영 후 사용자가 지정한 데이터셋을 통해 해당 이미지에 대한 정보가 tag 형태로 저장된다.

ⓔ 따라서 역으로 If문을 사용하여 촬영된 Picture 객체의 tag를 파악하면 현재 이미지 속 얼굴에 따른 로봇 팔 동작이 가능하다. 데이터셋을 통해 학습된 이미지와 유사도가 가장 높은 tag를 사용한다. [그림 4-143]은 카메라 제어 블록이다.

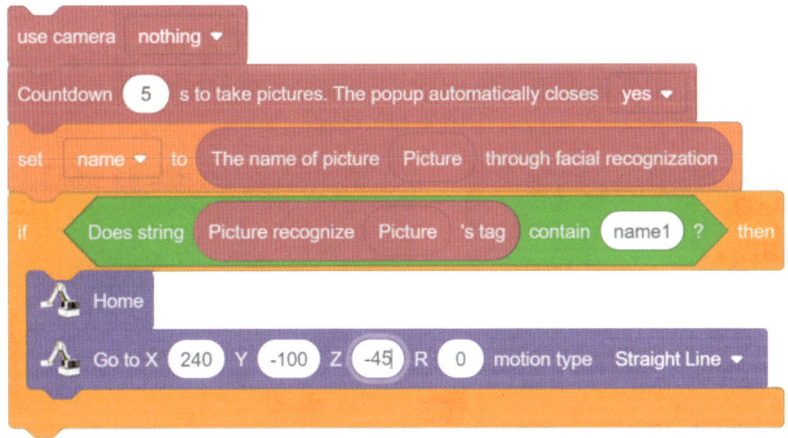

[그림 4-143] 카메라 제어 블록

③ 데이터 학습: 얼굴 인식

ⓐ 영상을 캡처하기 전에 먼저 데이터 학습을 해야 한다.

ⓑ Step 1

[그림 4-144]와 같이 DobotLab의 왼쪽 탭에서 AI -> New data에 들어간다.

ⓒ Step 2

[그림 4-145]와 같이 다음의 순서에 맞게 설정한다.

ⓓ 1번은 사용자가 지정할 데이터셋의 이름을 의미한다.

ⓔ 2번을 눌러 현재 촬영되는 영상을 데이터로 사용하기 위해 저장한다.

ⓕ 3번을 눌러 추가로 데이터셋(set)을 추가해 주고 설정이 끝나면 4번을 눌러 다음 단계로 넘어간다.

ⓖ Step 3

[그림 4-146]과 같이 다음 화면에서 물체를 바꿔 가면서 해당 데이터셋에 있는 %가 100%에 가깝다면 Finish를 누르고, 아니라면 이전으로 돌아가 데이터를 추가한다.

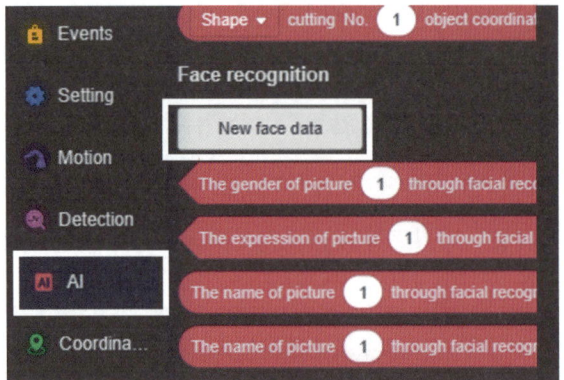

[그림 4-144] Step 1

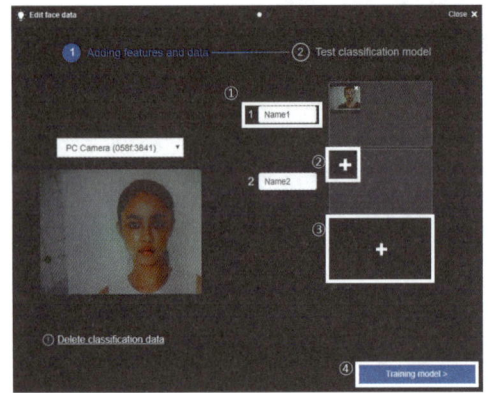

[그림 4-145] Step 2

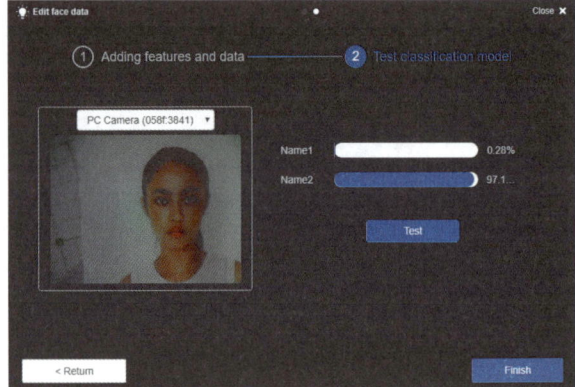

[그림 4-146] Step 3

(3) 준비

① 구성 부품

실습을 하기 위한 구성 부품들은 [표 4-2]를 참조한다.

② Magician Lite 연결

Magician Lite와 PC 연결, Magician Lite의 전원 연결은 [그림 4-4]와 [그림 4-5]를 참조한다.

③ 카메라 연결

연결 순서와 방법은 [그림 4-132]부터 [그림 4-137]까지를 참조하여 연결한다.

(4) 동작 설명

[그림 4-153]부터 [그림 4-155]와 같이 Camera Kit를 이용하여 5초 동안 사진을 촬영하고, 사람의 얼굴이 식별되면 얼굴에 따라 위치 A, B, C에 있는 오브젝트를 이동시킨다.

[그림 4-153] 오브젝트 배치   [그림 4-154] 사진 캡처   [그림 4-155] 인식 후 동작

(5) 소스코드

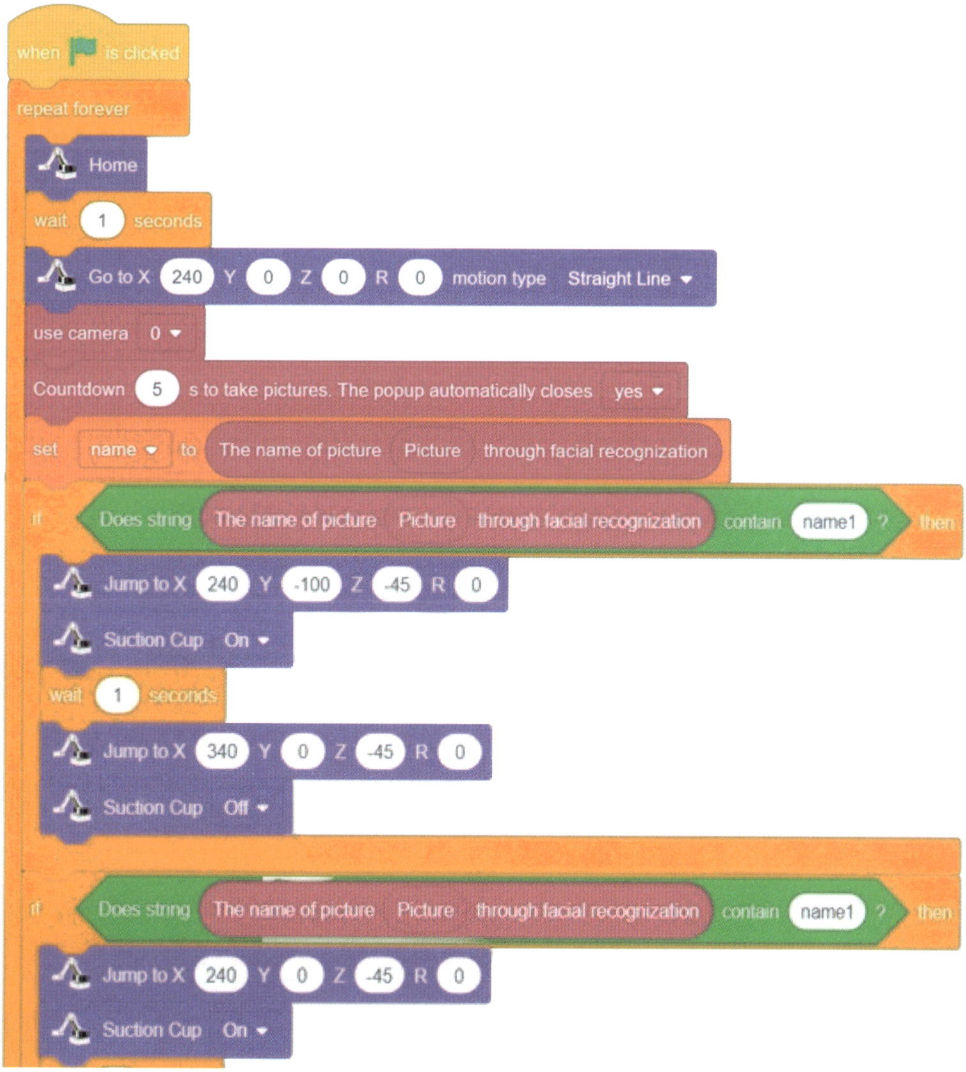

```
when 🏳 is clicked
repeat forever
    ╱╲ Home
    wait 1 seconds
    ╱╲ Go to X 240 Y 0 Z 0 R 0 motion type Straight Line ▼
    use camera 0 ▼
    Countdown 5 s to take pictures. The popup automatically closes yes ▼
    set name ▼ to The name of picture Picture through facial recognization
    if Does string The name of picture Picture through facial recognization contain name1 ? then
        ╱╲ Jump to X 240 Y -100 Z -45 R 0
        ╱╲ Suction Cup On ▼
        wait 1 seconds
        ╱╲ Jump to X 340 Y 0 Z -45 R 0
        ╱╲ Suction Cup Off ▼
    if Does string The name of picture Picture through facial recognization contain name1 ? then
        ╱╲ Jump to X 240 Y 0 Z -45 R 0
        ╱╲ Suction Cup On ▼
```

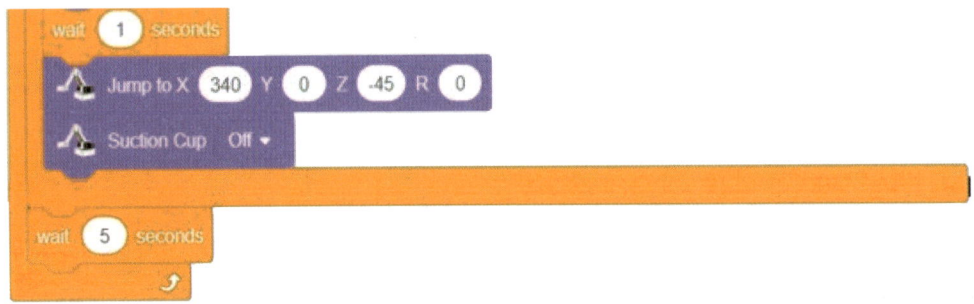

[그림 4-156] 소스코드

(6) 학습 평가

영역	번호	문 항	미흡	보통	우수
얼굴 인식하기	1	Camera Kit로 사람의 얼굴을 올바르게 식별하였는가?	①	②	③
	2	사람의 얼굴에 따라 로봇 팔의 동작이 올바르게 이뤄졌는가?	①	②	③
	3	로봇 팔의 움직임이 자연스러운가?	①	②	③

[표 4-12] 학습 평가

(7) 참고 자료

① 대표적인 영상 처리 기술, U-Net

- 의료 분야에서 이미지 세그멘테이션을 목적으로 제안된 End to End 방식의 Fully Convolution Network 기반 모델이다.

- 매우 적은 수의 학습 데이터를 가지고 효과적으로 이미지 세그멘테이션이 가능한 기술이다.

② End to End learning: https://pongdangstory.tistory.com/424 참고

11. 텍스트 인식하기

1) 교육 목적

로봇과 스마트 설비 간에 안전하고 효율적으로 협력하여 작업을 수행할 수 있도록 시스템을 검토하고 설계하는 능력이다.

(1) 실습 목적

camera Kit를 사용하여 텍스트를 인식할 수 있다.

(2) 이론

① OCR이란

㉠ OCR(Optical Character Recognition)은 이미지 내의 글자를 인식하는 기술이다. 실제 자동차의 번호를 읽거나 이미지 속의 글자를 번역하는 기술 등 다양하게 사용되고 있다.

㉡ OCR은 일반적으로 글자의 영역을 탐지하는 Text Detection과 탐지된 영역 안에서 글자를 인식하는 Text Recognition으로 구성된다. [그림 4-157]과 [그림 4-158]은 같이 딥러닝을 적용하여 "Hello world!" 글자를 인식하는 과정을 보여 준다.

[그림 4-157] Text Detection   [그림 4-158] Text Recognition

② 데이터 학습: 텍스트 인식

Dobot에서 지원하는 OCR은 text에 대한 추가적인 데이터 학습을 요구하지 않는다. 따라서 별도의 작업 없이 바로 블록코딩 후에 결과를 확인할 수 있다.

(3) 준비

① 구성 부품

실습을 하기 위한 구성 부품들은 [표 4-2]를 참조한다.

② Magician Lite 연결

Magician Lite와 PC 연결, Magician Lite의 전원 연결은 [그림 4-4]와 [그림 4-5]를 참조한다.

③ 카메라 연결

연결 순서와 방법은 [그림 4-132]부터 [그림 4-137]까지를 참조하여 연결한다.

(4) 동작 설명

[그림 4-165]부터 [그림 4-167]와 같이 로봇 팔이 특정 위치에 가면 Camera Kit를 이용하여 5초 동안 사진을 촬영하고, 텍스트를 인식한다.

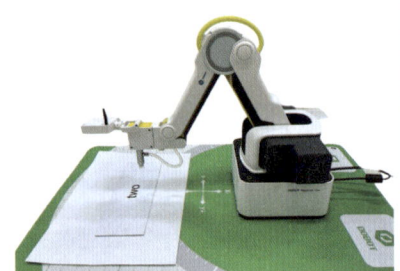
[그림 4-165] 오브젝트 배치

[그림 4-166] 텍스트 사진 캡처

[그림 4-167] 텍스트 인식 결과

(5) 소스 코드

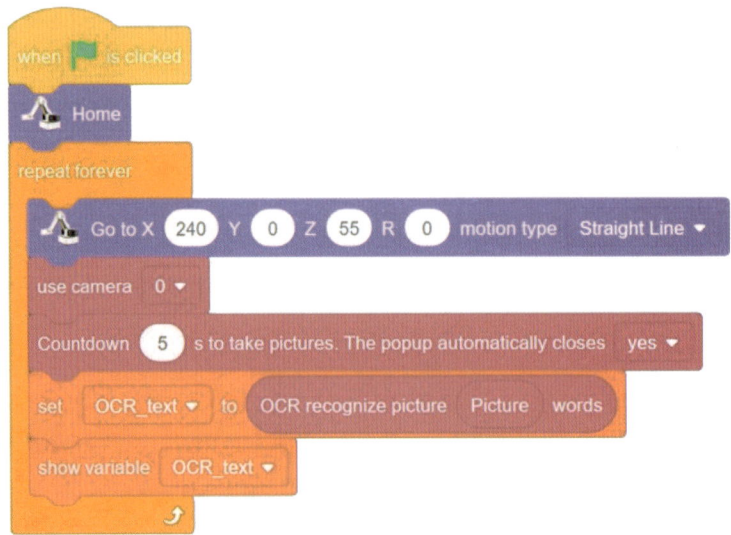
[그림 4-168] 소스코드

※ OCR의 경우, 이미지 처리와 같이 별도의 데이터셋을 만들 필요 없이 바로 사용 가능하다.

(6) 학습 평가

영역	번호	문 항	미흡	보통	우수
텍스트 인식하기 1	1	Camera Kit로 텍스트를 올바르게 식별하였는가?	①	②	③
	2	로봇 팔이 원활하게 동작하는가?	①	②	③
	3	촬영된 이미지의 화질이 적당한가?	①	②	③

[표 4-13] 학습 평가

(7) 참고 자료

① Text Detection과 Text Recognition 과정

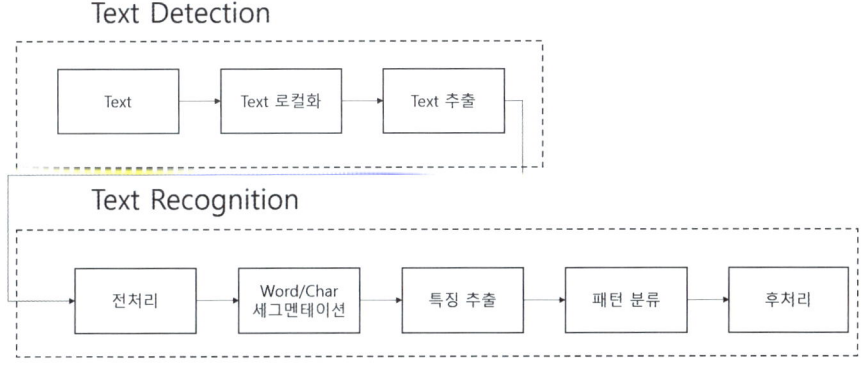

[그림 4-169] 텍스트 인식 과정

② Text Detection 방법

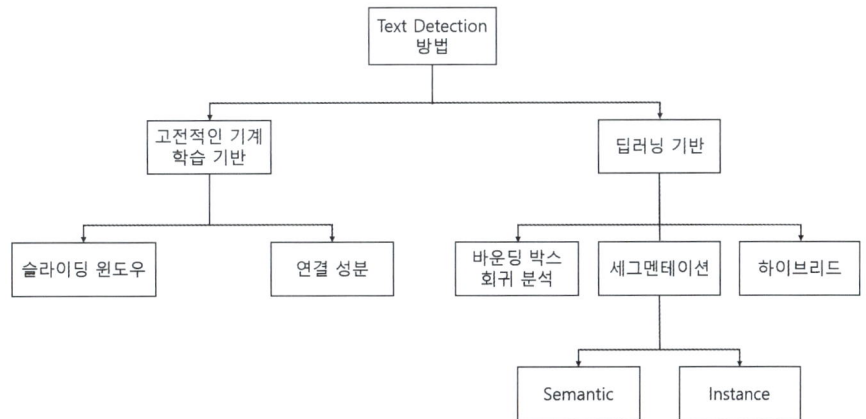

[그림 4-170] 텍스트 판별 방법

12. 텍스트 인식을 활용한 로봇 제어하기

1) 교육 목적

로봇과 스마트 설비 간에 안전하고 효율적으로 협력하여 작업을 수행할 수 있도록 시스템을 검토하고 설계하는 능력이다.

(1) 실습 목적

① Camera Kit를 사용하여 텍스트를 인식할 수 있다.

② 인식된 텍스트에 따라 오브젝트를 이동시킬 수 있다.

③ 오브젝트 이동을 Count 시퀀스로 동작시킬 수 있다.

(2) 이론

① OCR이란

㉠ OCR(Optical Character Recognition)은 이미지 내의 글자를 인식하는 기술이다. 실제 자동차의 번호를 읽거나 이미지 속의 글자를 번역하는 기술 등 다양하게 사용되고 있다.

㉡ OCR은 일반적으로 글자의 영역을 탐지하는 Text Detection과 탐지된 영역 안에서 글자를 인식하는 Text Recognition으로 구성된다. [그림 4-157]과 [그림 4-158]과 같이 딥러닝을 적용하여 "Hello world!" 글자를 인식하는 과정을 보여 준다.

[그림 4-171] Text Detection   [그림 4-172] Text Recognition

② 데이터 학습: 텍스트 인식

Dobot에서 지원하는 OCR은 text에 대한 추가적인 데이터 학습을 요구하지 않는다. 따라서 별도의 작업 없이 바로 블록코딩 후에 결과를 확인할 수 있다.

(3) 준비

① 구성 부품

실습을 하기 위한 구성 부품들은 [표 4-2]를 참조한다.

② Magician Lite 연결

Magician Lite와 PC 연결, Magician Lite의 전원 연결은 [그림 4-4]와 [그림 4-5]을 참조한다.

③ 카메라 연결

연결 순서와 방법은 [그림 4-132]부터 [그림 4-137]까지를 참조하여 연결한다.

(4) 동작 설명

① [그림 4-179]부터 [그림 4-181]과 같이 로봇 팔이 특정 위치에 가면 Camera Kit를 이용하여 5초 동안 사진을 촬영하고, 텍스트를 인식한다.

② OCR 텍스트 인식을 활용하여 Count 시퀀스 동작을 진행시킨다.

③ 인식된 텍스트에 적힌 숫자만큼 오브젝트를 이동시킨다.

[그림 4-179] 오브젝트 배치

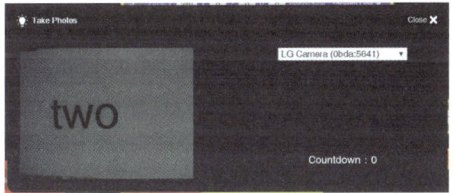
[그림 4-180] 텍스트 사진 캡쳐

[그림 4-181] 텍스트 인식 후 동작

(5) 주요 함수

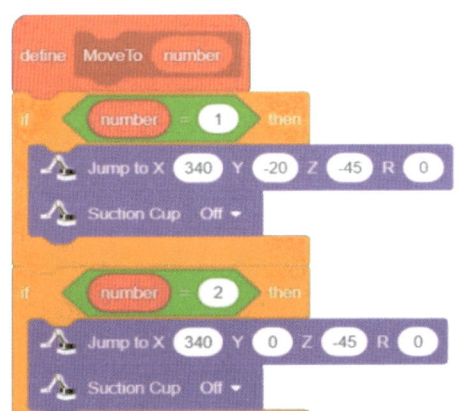

- 물건을 내려놓는 함수이다.
- Number(Counter 변수) 값에 맞게 로봇 팔을 물체가 놓일 위치로 이동시킨 뒤 물체를 내려놓는다.

[그림 4-182] 적재 함수

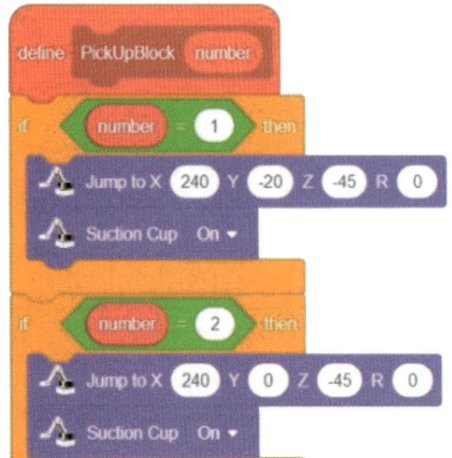

- 물건을 집는 함수이다.
- number(Counter 변수) 값에 맞게 로봇 팔을 물체의 위치로 이동시킨 뒤 물체를 집고 대기한다.

[그림 4-183] 흡착 함수

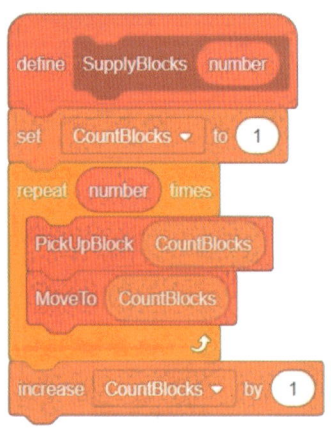

- 로봇팔의 동작(물체 옮기기)에 대해 number의 수만큼 반복한다.
- CountBlocks는 옮길 물체의 수를 직접적으로 나타내고, 이는 현재 인식한 글자(number)만큼 증가한다.

[그림 4-184] 카운터 변수

(6) 소스코드

when 🏳 is clicked
Home
Go to X 240 Y 0 Z 0 R 0 motion type Straight Line ▼
use camera 0 ▼
Countdown 5 s to take pictures. The popup automatically closes yes ▼
set OCR_text ▼ to OCR recognize picture Picture words
wait 1 seconds
if Does string OCR_text contain one ? or Does string OCR_text contain One ? then

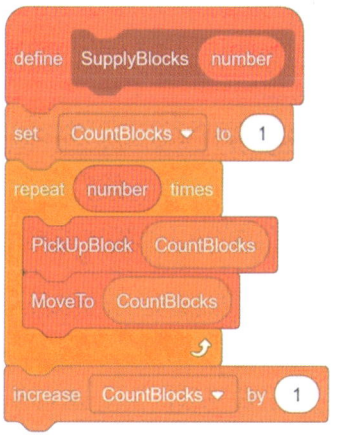

[그림 4-185] 전체적인 Camera Kit 제어

[그림 4-186] 시퀀스 반복 동작 제어

[그림 4-187] 오브젝트 상승

[그림 4-188] 오브젝트 이동

(7) 학습 평가

영역	번호	문 항	미흡	보통	우수
텍스트 인식하기 2	1	Camera Kit로 텍스트를 올바르게 식별하였는가?	①	②	③
	2	Count 시퀀스 동작이 잘 이뤄졌는가?	①	②	③
	3	여러 오브젝트가 나란히 배치되어 있는가?	①	②	③

[표 4-14] 학습 평가

(9) 응용 문제

Gripper를 사용하여 텍스트에 따라 오브젝트를 이동시키시오.

13. 텍스트 인식을 활용한 시퀀스 제어하기

1) 교육 목적

로봇과 스마트 설비 간에 안전하고 효율적으로 협력하여 작업을 수행할 수 있도록 시스템을 검토하고 설계하는 능력이다.

(1) 실습 목적

① Camera Kit를 사용하여 텍스트를 인식할 수 있다.

② 인식된 텍스트에 따라 오브젝트를 이동시킬 수 있다.

③ 오브젝트 이동을 Timer 시퀀스로 동작시킬 수 있다.

(2) 이론

① OCR이란

㉠ OCR(Optical Character Recognition)은 이미지 내의 글자를 인식하는 기술이다. 실제 자동차의 번호를 읽거나 이미지 속의 글자를 번역하는 기술 등 다양하게 사용되고 있다.

㉡ OCR은 일반적으로 글자의 영역을 탐지하는 Text Detection과 탐지된 영역 안에서 글자를 인식하는 Text Recognition으로 구성된다. [그림 4-189]와 [그림 4-190] 딥러닝을 적용하여 "Hello world!" 글자를 인식하는 과정을 보여 준다.

[그림 4-189]] Text Detection   [그림 4-190] Text Recognition

② 데이터 학습: 텍스트 인식

Dobot에서 지원하는 OCR은 text에 대한 추가적인 데이터 학습을 요구하지 않는다. 따라서 별도의 작업 없이 바로 블록코딩 후에 결과를 확인할 수 있다.

(3) 준비

① 구성 부품

실습을 하기 위한 구성 부품들은 [표 4-2]를 참조한다.

② Magician Lite 연결

Magician Lite와 PC 연결, Magician Lite의 전원 연결은 [그림 4-4]와 [그림 4-5]를 참조한다.

③ 카메라 연결

연결 순서와 방법은 [그림 4-132]부터 [그림 4-137]까지를 참조하여 연결한다.

(4) 동작 설명

① [그림 4-197]과 [그림 4-199]와 같이 로봇 팔이 특정 위치에 가면 Camera Kit를 이용하여 5초 동안 사진을 촬영하고, 텍스트를 인식한다.

② OCR 텍스트 인식을 활용하여 Timer 시퀀스 동작을 진행한다.

③ 인식된 텍스트에 적힌 숫자만큼 오브젝트를 이동한다.

 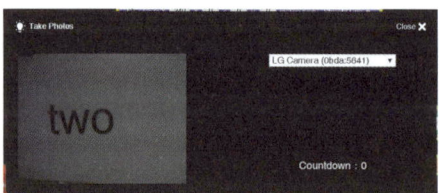 

[그림 4-197] 오브젝트 배치　　[그림 4-198] 텍스트 사진 캡처　　[그림 4-199] 텍스트 인식 후 동작

(5) 주요 함수

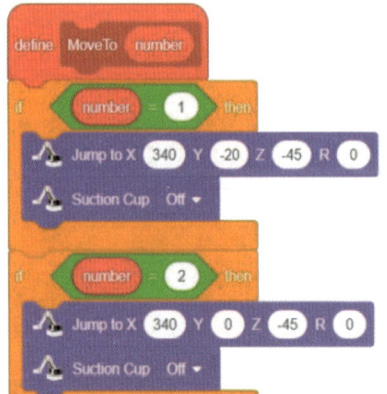

- 물체를 내려놓는 함수이다.
- Number(Counter 변수) 값에 맞게 로봇 팔을 물체가 놓일 위치로 이동시킨 뒤 물체를 내려놓는다.

[그림 4-200] 적재 함수

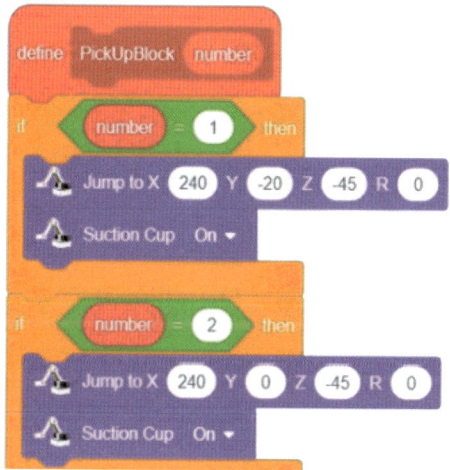

- 물체를 집는 함수이다.
- number(Counter 변수) 값에 맞게 로봇 팔을 물체의 위치로 이동시킨 뒤 물체를 집고 대기한다.

[그림 4-201] 흡착 함수

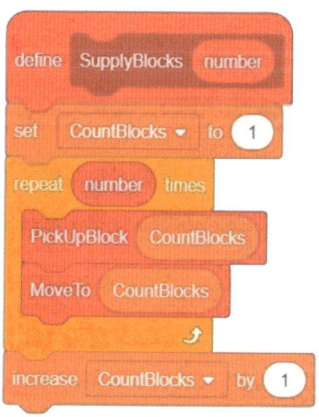

- 로봇 팔의 동작(물체 옮기기)에 대해 number의 수만큼 반복한다.
- CountBlocks는 옮길 물체의 수를 직접적으로 나타내고, 이는 현재 인식한 글자(number)만큼 증가한다.

[그림 4-202] 카운터 변수

(6) 소스코드

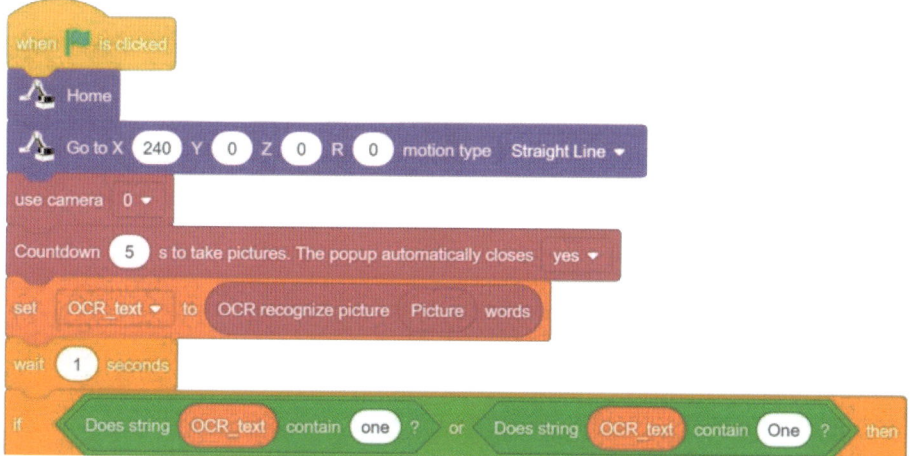

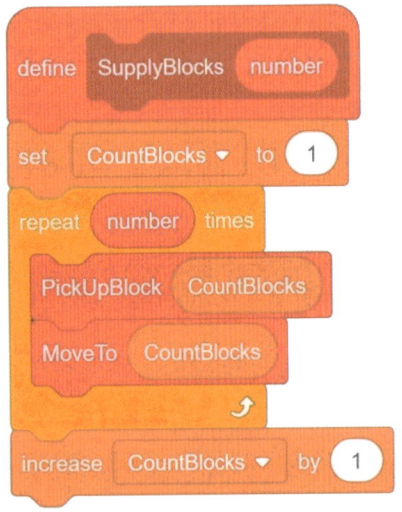

[그림 4-203] 전체 Camera Kit 제어

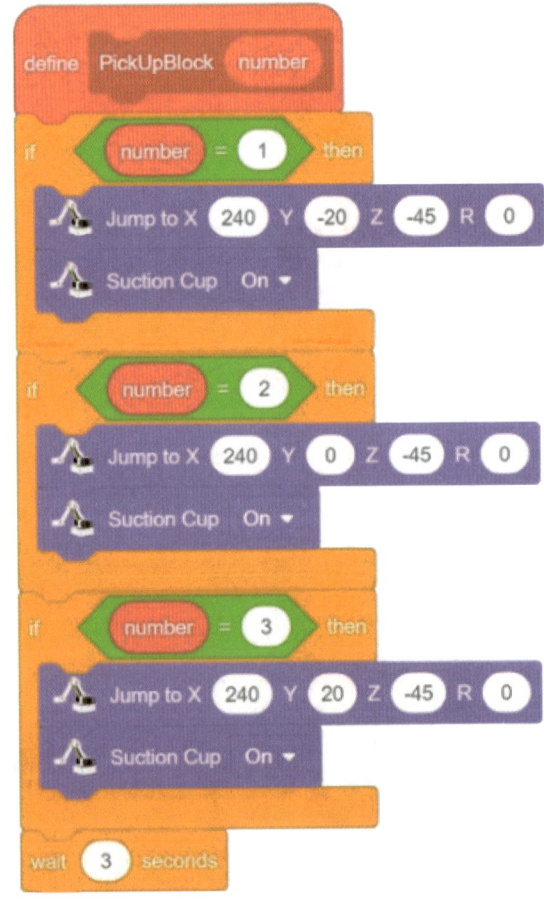

[그림 4-204] 시퀀스 반복 동작 제어

[그림 4-205] 오브젝트 상승

[그림 4-206] 오브젝트 이동

(7) 학습 평가

영역	번호	문 항	미흡	보통	우수
텍스트 인식하기 3	1	Camera Kit로 텍스트를 올바르게 식별하였는가?	①	②	③
	2	Timer 시퀀스 동작이 잘 이뤄졌는가?	①	②	③
	3	여러 오브젝트들이 나란히 배치되어 있는가?	①	②	③

[표 4-15] 학습 평가

(8) 응용 문제

Gripper를 사용하여 텍스트에 따라 오브젝트를 이동시키시오.

CHAPTER

파이썬 기반 제어

5장 파이썬 기반 제어

1. 파이썬 개발 환경 이해하기

1) 교육 목적

로봇과 스마트 설비 간에 안전하고 효율적으로 협력하여 작업을 수행할 수 있도록 시스템을 검토하고 설계하는 능력이다.

(1) 실습 목적

① 파이썬의 특징에 대해 설명할 수 있다.

② Dobot의 Python Lab을 사용하여 파이썬을 다룰 수 있다.

(2) 이론

① 파이썬 소개

파이썬은 배우기 쉽고 강력한 프로그래밍 언어이다. 효율적인 고급 데이터 구조와 객체 지향 프로그래밍에 대한 간단하지만 효과적인 접근법을 가지고 있다.

파이썬의 구문 형식과 동적 타이핑은 해석되는 특성과 함께 대부분 플랫폼의 많은 분야에서 스크립트 작성과 빠른 응용 프로그램 개발에 이상적인 언어이다.

② 파이썬 특징

㉠ 파이썬은 해석된 언어이다. 코드 한 줄씩 직접 실행하는 것이다. 그리고 프로그램 코드에 오류가 있으면 실행이 중지된다. 따라서 프로그래머는 코드에서 오류를 빠르게 찾을 수 있다.

㉡ 파이썬은 영어와 유사한 단어를 사용하며 다른 프로그래밍 언어와 달리 파이썬은 중괄호를 사용하는 대신 들여쓰기를 사용한다.

ⓒ 파이썬은 런타임에 변수 유형을 결정하기 때문에 프로그래머는 코드를 작성할 때 변수 유형을 선언할 필요가 없다. 따라서 파이썬 프로그램은 더 빨리 작성할 수 있다.

ⓓ 파이썬은 모든 것을 객체로 간주하지만, 구조적 및 함수형 프로그래밍 등의 다른 프로그래밍 유형도 지원한다.

ⓔ [표 5-1]부터 [표 5-3]까지는 다른 프로그래밍 언어와 파이썬의 차이를 보여 주는 예제 코드이다.

[C++ 프로그래밍 예제 코드]

```
#include <iostream>
using namespace std;
int main() {
    cout<<"Hello, World!";
    return 0;
}
```

[표 5-1] C++ 프로그래밍 코드

[Java 프로그래밍 예제 코드]

```
public class HelloGabia {
    public static void main(String args[]) {
        System.out.println("Hello, World!");
    }
}
```

[표 5-2] Java 프로그래밍 코드

[Python 프로그래밍 예제 코드]

```
print("Hello, World!")
```

[표 5-3] Python 프로그래밍 코드

ⓕ 파이썬은 다른 프로그래밍 언어보다 인간 언어에 더 가깝다. 따라서 프로그래머는 아키텍처 및 메모리 관리와 같은 기본 기능에 대해 걱정할 필요가 없다.

③ 파이썬 사용

㉠ 사용자는 파이썬 코드를 짜기 위한 Python IDE, 특정 코드를 편리하게 사용하기 위한

파이썬 라이브러리 그리고 좀 더 복잡한 작업을 해 내기 위한 파이썬 프레임워크까지 여러 가지 기능을 사용할 수 있다.

자신이 개발하고자 하는 프로그램을 위해서는 파이썬에서 제공되는 여러 기능 가운데 적절한 선택이 중요하다.

ⓛ 라이브러리는 개발자가 코드를 처음부터 작성할 필요가 없도록 파이썬 프로그램에 포함할 수 있는 자주 사용되는 코드 모음이다.

기본적으로 파이썬에는 재사용 가능한 많은 함수를 포함하는 표준 라이브러리가 제공된다. 또한, 13만 7,000개 이상의 Python 라이브러리를 웹 개발, 데이터 과학, 머신러닝(ML) 등의 다양한 애플리케이션에 사용할 수 있다.

대표적으로 NumPy와 OpenCV-Python이 있다.

ⓒ 파이썬 프레임워크는 패키지와 모듈의 모음이다. 모듈은 관련 코드의 집합이고, 패키지는 모듈의 집합이다.

개발자는 웹 애플리케이션의 통신 방식이나 파이썬에서의 프로그램 속도 향상과 같은 낮은 수준의 세부 사항에 대해 걱정할 필요가 없기 때문에 파이썬 프레임워크를 사용하여 파이썬 애플리케이션을 더 빠르게 구축할 수 있다. 대표적으로 Flask와 PyTorch가 있다.

ⓔ 통합 개발 환경(IDE)은 Visual Studio처럼 한 곳에서 코드를 작성, 편집, 테스트 및 디버그하는 데 필요한 도구를 개발자에게 제공하는 소프트웨어이다. 대표적으로 Thonny, PyCharm, Spyder, Atom 등이 있다.

(3) 준비

① 구성 부품

실습을 하기 위한 구성 부품들은 [표 4-2]를 참조한다.

② Magician Lite 연결

Magician Lite와 PC 연결, Magician Lite의 전원 연결은 [그림 4-4]와 [그림 4-5]를 참조한다.

③ Dobotlab 실행

ⓛ Step 1

[그림 5-1]과 같이 Dobotlab을 실행한다.

ⓒ Step 2

[그림 5-2]와 같이 PythonLab을 실행하여 코드를 작성한다.

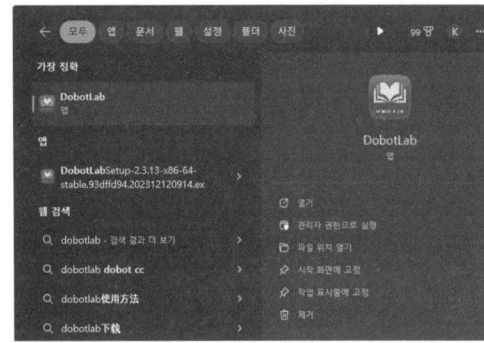
[그림 5-1] Step 1

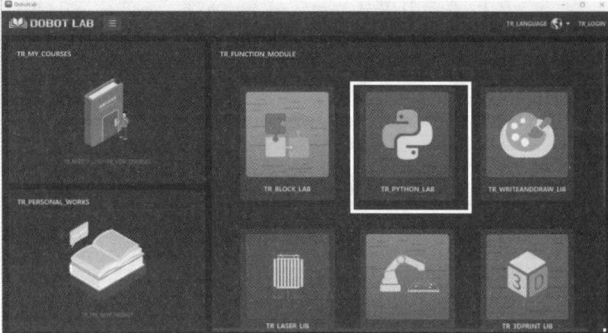
[그림 5-2] Step 2

(4) 동작 설명

① Dobot PythonLab의 인터페이스는 [그림 5-3]과 같다.

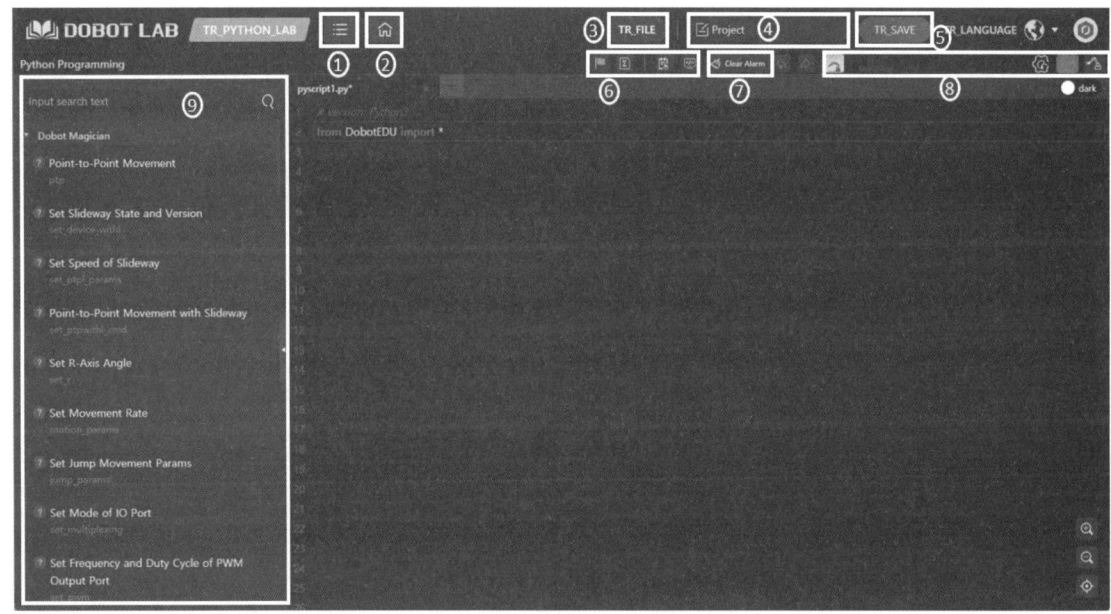
[그림 5-3] PythonLab 인터페이스

설명
① 메뉴 ② Dobot Lab 메인 페이지 ③ 파일 ④ 프로젝트 이름 ⑤ 프로젝트 저장
⑥ 코드 실행, 파이썬 라이브러리 함수 호출, 로그 화면, 실행 과정 표시
⑦ 알람 삭제 ⑧ 로봇 팔 연결, 비상 정지, 컨트롤 패널 호출
⑨ 프로그램 명령 제공, 검색 기능 포함

[표 5-4] 인터페이스 설명

ⓛ Step 1

[그림 5-4]와 같이 DobotLab 메인 페이지에서 PythonLab에 들어간다.

ⓒ Step 2

[그림 5-5]와 같이 장치 연결 패널의 드롭다운 목록(인터페이스 8번 항목)을 클릭. Magician Lite를 선택하고 연결을 클릭한다.

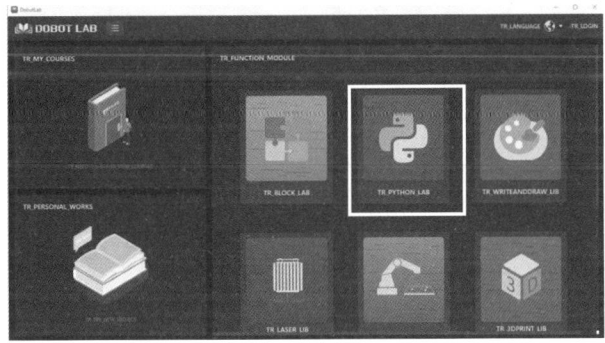

[그림 5-4] Step 1

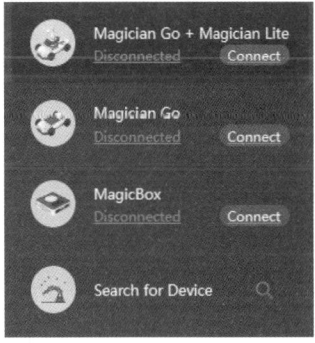

[그림 5-5] Step 2

ⓔ Step 3

프로그램 편집을 시작

- 명령어 목록에서 명령어를 더블클릭하면 해당 코드가 코드 영역에 표시된다. 실제 필요에 따라 파라미터를 수정할 수 있다.
- 코드 영역에 직접 스크립트를 입력할 수도 있다.

ⓜ Step 4

[그림 5-6]과 같이 Running program을 눌러 현재 프로그램을 실행한다.

ⓑ Step 5

[그림 5-7]과 같이 PC에서 코드를 불러오거나 내보낼 때는 상단의 파일을 클릭한 뒤 UPLOAD_LOCAL(불러오기) 혹은 SAVE_LOCAL(PC에 저장)을 선택한다.

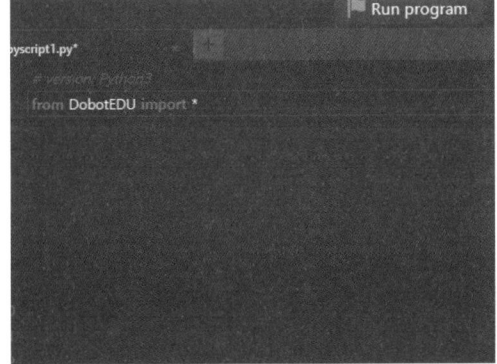

[그림 5-6] Step 4

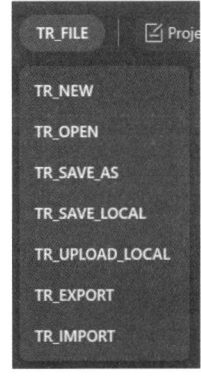

[그림 5-7] Step 5

(5) 소스코드

문자열 출력	결과
```# This program prints Hello, world!``` ```print('Hello, world!')```	Hello, world!

[표 5-5] 문자열 출력

덧셈 출력	결과

```# This program adds two numbers```
```num1 = 1.5```
```num2 = 6.3```
```sum = num1 + num2```
```print('The sum of {0} and {1} is {2}'.format(num1,```
```   num2, sum))```
	The sum of 1.5 and 6.3 is 7.8

[표 5-6] 덧셈 출력

입력에 따른 덧셈 출력	결과

```# Store input numbers```
```num1 = input('Enter first number: ')```
```num2 = input('Enter second number: ')```
```# Add two numbers```
```sum = float(num1) + float(num2)```
```# Display the sum```
```print('The sum of {0} and {1} is {2}'.format(num1,```
```   num2, sum))```
	Enter first number:
	>>> 1.5
	Enter second number:
	>>> 6.3
	The sum of 1.5 and 6.3 is 7.8

[표 5-7] 입력에 의한 덧셈 출력

변숫값 교환	결과

```# Python program to swap two variables```
```x = 5```
```y = 10```
```# To take inputs from the user```
```#x = input('Enter value of x: ')```
```#y = input('Enter value of y: ')```
```# create a temporary variable and swap the values```	

변숫값 교환	결과
| ```
temp = x
x = y
y = temp
print('The value of x after swapping: {}'.format(x))
print('The value of y after swapping: {}'.format(y))
``` | The value of x after swapping: 10<br>The value of y after swapping: 5 |

[표 5-8] 변숫값 교환

랜덤 숫자 생성	결과
| ```
# Program to generate a random number between
  0 and 9
# importing the random module
import random
print(random.randint(0,9))
``` | 5<br>※ 0~9 사이의 숫자가 랜덤으로 출력된다. |

[표 5-9] 랜덤 숫자 생성

※ 파이썬 라이브러리(random)의 함수(randint())를 불러오기 위해 import를 사용한다.

조건문	결과
| ```
# Using if ~ else
score = int(input('Enter the score : ' ))

if score == 100 :
    print('PERFECT')
elif score >= 60 :
    print('PASS')
else :
    print('UNPASS')
``` | Enter the score :<br>>>> 100<br>PERFECT<br><br>Enter the score :<br>>>> 80<br>PASS<br><br>Enter the score :<br>>>> 30<br>UNPASS |

[표 5-10] 조건문과 결과

반복문 1	결과
| ```
# Using for (1)
numbers = [1, 2, 3, 4, 5]

for number in numbers:
    print(number)
``` | 1부터 5까지 출력 |

[표 5-11] 반복문 1과 결과

반복문 2	결과

``
# Using for (2) 	
for i in range(10):
    print(i)
``
	0부터 9까지 출력

[표 5-12] 반복문 2와 결과

반복문 3	결과

``
# Using while 	
num = 1
while num <= 5 :
    print(num, end = " ")
    num += 1
``
	1부터 5까지 출력

[표 5-13] 반복문 3과 결과

(6) 학습 평가

영역	번호	문 항	미흡	보통	우수
로봇 활용을 위한 파이썬 1	1	파이썬의 특징에 대해 설명할 수 있는가?	①	②	③
	2	Python Lab의 사용법에 대해 설명할 수 있는가?	①	②	③
	3	Python Lab을 사용하여 파이썬 코드를 작성할 수 있는가?	①	②	③

[표 5-14] 학습 평가

(7) 연습 문제

파이썬 코드를 사용하여 랜덤 숫자 맞추기 게임을 만든다.

랜덤 함수 사용을 위한 import

랜덤 값 0 ~ 100

입력값 받아오기

if ~ elif 조건문 작성

랜덤 숫자 맞추기 게임	설명
| ```
import random
res = 0
target = random.randint(1, 100)
while target != res :
# 사용자 입력 값
    x = input('Enter the number x: ')
    res = int(x)
    if res == target :
        print("Correct")
    elif res < target :
        print ("Enter the big number")
    elif res > target :
        print ("Enter the small number")
``` | 1부터 100까지 숫자 중 랜덤으로 숫자 하나를 맞추는 게임이다.

사용자가 값을 입력하면 입력보다 정답이 크면 Enter the big number, 입력보다 정답이 낮으면 Enter the small number를 출력하고 정답을 맞출 때까지 반복한다. 정답을 맞추는 경우 Correct를 출력하고 프로그램을 종료한다. |

[표 5-15] 랜덤 숫자 맞추기 게임 코드

2. 로봇 제어문 이해하기

1) 교육 목적

로봇과 스마트 설비 간에 안전하고 효율적으로 협력하여 작업을 수행할 수 있도록 시스템을 검토하고 설계하는 능력이다.

(1) 실습 목적

① Python Lab을 사용하여 로봇 팔을 제어하는 프로그램을 작성할 수 있다.

② Python Lab에서 지원하는 함수에 대해 설명할 수 있다.

③ 원하는 좌표에 로봇 팔을 이동할 수 있다.

(2) 이론

① **점대점**(Point To Point, PTP) **모드**

㉠ 점대점 이동(한 점에서 다른 점까지 이동)을 의미하는 PTP 모드는 MOVJ, MOVL, JUMP를 지원한다. 이동 궤적은 모션 모드에 따라 다르다.
```

ⓛ MOVJ: 관절 운동. [그림 5-8]와 같이 표시된 것처럼 A 지점에서 B 지점까지 각 관절은 궤적과 관계없이 초기 각도에서 목표 각도까지 실행된다.

ⓒ MOVL: 직선 운동. [그림 5-9]와 같이 표시된 것처럼 관절은 A 지점에서 B 지점까지 직선 궤적을 수행한다.

ⓔ JUMP: A 지점에서 B 지점으로 관절이 MOVJ 모드로 이동하며 [그림 5-8]과 [그림 5-9]와 같이 궤적이 문처럼 보인다.

　- 1. A 지점에서 MOVJ 모드로 리프팅 높이까지 상승한다.

　- 2. B 지점까지 수평으로 이동한다.

　- 3. B 지점으로 내려온다.

[그림 5-8] MOVJ　　　　　　　　　　[그림 5-9] JUMP

② 로봇 팔 제어 함수

ⓐ set_homecmd(): 로봇 팔이 현재 위치에서 홈 포인트로 이동한다.

ⓑ set_ptpcmd(ptp_mode,x,y,z,r): 현재 위치에서 목표 위치로 이동한다.

파라미터
ptp_mode: PTP mode, 데이터 타입: int, range: 0~9
- 0: JUMP mode, (x, y, z, r)는 직교 좌표계 아래의 목표점의 좌표
- 1: MOVJ mode, (x, y, z, r)는 직교 좌표계 아래의 목표점의 좌표
- 2: MOVL mode, (x, y, z, r)는 직교 좌표계 아래의 목표점의 좌표
- 3: JUMP mode, (x, y, z, r)는 직교 좌표계 아래의 목표점의 좌표
- 4: MOVJ mode, (x, y, z, r)는 직교 좌표계 아래의 목표점의 좌표
- 5: MOVL mode, (x, y, z, r)는 직교 좌표계 아래의 목표점의 좌표
- 6: MOVJ mode, (x, y, z, r)는 joint 좌표계 아래의 좌표 증분
- 7: MOVL mode, (x, y, z, r)는 직교 좌표계 아래의 좌표 증분
- 8: MOVJ mode, (x, y, z, r)는 직교 좌표계 아래의 좌표 증분
- 9: JUMP mode, 로봇이 이동할 때 모드는 MOVL이다.. (x, y, z, r)는 직교 좌표계 아래의 좌표 증분
x: X축 좌표, 데이터 타입: float, y: Y축 좌표, 데이터 타입: float, z: Z축 좌표, 데이터 타입: float, r: R축 좌표, 데이터 타입: float

[표 5-16] 파라미터

ⓒ get_pose(): 로봇 팔의 실시간 위치를 가져온다.

실행 결괏값
{x, y, z, r, jointAngle}
x: X축 좌표, y: Y축 좌표, z: Z축 좌표, r: R축 좌표, joint Angle : joint 좌표 리스트 [joint 1, joint 2, joint 3, joint 4]

[표 5-17] 실행 결괏값

ⓔ set_endeffector_suctioncup(enable, on): suction cup의 상태를 설정한다.

파라미터
enable: 엔드 이펙터 활성화 여부(True, False), on: 엔드 이펙터 동작 여부(True, False)

[표 5-18] 파라미터 1

• set_endeffector_gripper(enable, on): gripper의 상태를 설정한다.

파라미터
enable: 엔드 이펙터 활성화 여부(True, False), on: 엔드 이펙터 동작 여부(True, False)

[표 5-19] 파라미터 2

(3) 준비

① 구성 부품

실습을 하기 위한 구성 부품들은 [표 4-2]를 참조한다.

② Magician Lite 연결

Magician Lite와 PC 연결, Magician Lite의 전원 연결은 [그림 4-4]와 [그림 4-5]을 참조한다.

③ Dobotlab 실행

ⓐ Step 1

[그림 5-10]와 같이 Dobotlab을 실행한다.

ⓑ Step 2

[그림 5-11]와 같이 PythonLab을 실행하여 코드를 작성한다.

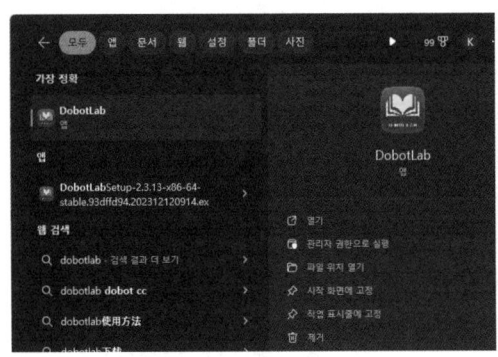

[그림 5-10] Step 1

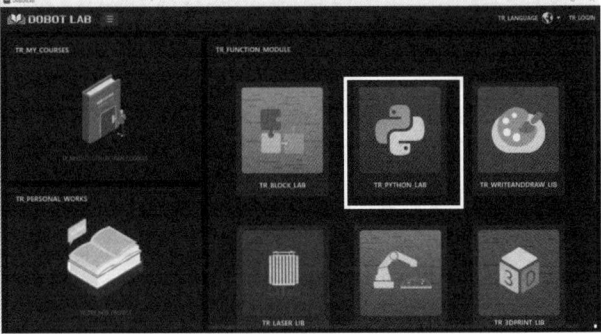

[그림 5-11] Step 2

(4) 동작 설명

① [그림 5-12]와 같이 로봇 팔이 지정한 위치로 이동한다.

② [그림 5-13]와 같이 로봇 팔이 홈 위치로 이동한다.

③ 로봇 팔의 엔드 이펙터가 동작하거나 정지한다.

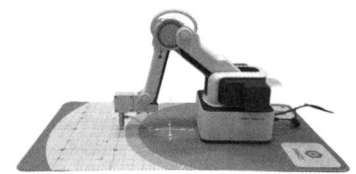

[그림 5-12] set_ptpcmd(2, 240, 0, 15, 0)

[그림 5-13] set_homecmd(): 홈 위치

(5) 소스코드

로봇 팔 이동	결과
``` from DobotEDU import * m_lite.set_ptpcmd(2, 240, 0, 15, 0) ```	로봇 팔이 (240, 0, 15, 0) 위치로 이동한다.

[표 5-20] 로봇 팔 이동

홈 위치로 이동	결과
``` from DobotEDU import * m_lite.set_homecmd() ```	로봇 팔이 홈 위치로 이동한다.

[표 5-21] 홈 위치로 이동(원점 복귀)

엔드 이펙터 사용	결과
```from DobotEDU import * import time control_suction_cup(True, True) time.sleep(3) control_suction_cup(True, False)```	엔드 이펙터(Suction Cup)가 동작한다.

[표 5-22] 엔드 이펙터

현재 위치를 기준으로 이동	결과
```from DobotEDU import * current_position = m_lite.get_pose() m_lite.set_ptpcmd(2, current_position['x'], current_position['y'], current_position['z'] + 10, current_position['r'])```	로봇 팔의 현재 위치에서 z축 방향으로 상승한다.

[표 5-23] 이동

(6) 학습 평가

영역	번호	문 항	미흡	보통	우수
로봇 활용을 위한 파이썬 2	1	Python Lab을 사용하여 로봇 팔을 제어하는 프로그램을 작성할 수 있는가?	①	②	③
	2	Python Lab에서 지원하는 함수에 대해 설명할 수 있는가?	①	②	③
	3	특정 좌표로 로봇 팔을 이동시킬 수 있는가?	①	②	③

[표 5-24] 학습 평가

(7) 연습 문제

set_ptpcmd(ptp_mode,x,y,z,r)에서 ptp_mode 0부터 9까지 차이점을 확인하시오.

---
set_ptpcmd 차이점 확인

```
from DobotEDU import *
current_position = m_lite.get_pose()
m_lite.set_ptpcmd(0, current_position['x'] + 10, current_position['y'] + 10,
                  current_position['z'] + 10, current_position['r'] )
m_lite.set_ptpcmd(1, current_position['x'] + 10, current_position['y'] + 10,
                  current_position['z'] + 10, current_position['r'] )
m_lite.set_ptpcmd(2, current_position['x'] + 10, current_position['y'] + 10,
                  current_position['z'] + 10, current_position['r'] )
```

```
m_lite.set_ptpcmd(3, current_position['x'] + 10, current_position['y'] + 10,
                  current_position['z'] + 10, current_position['r'] )
m_lite.set_ptpcmd(4, current_position['x'] - 15, current_position['y'] - 15,
                  current_position['z'] - 15, current_position['r'] )
m_lite.set_ptpcmd(5, current_position['x'] - 15, current_position['y'] - 15,
                  current_position['z'] - 15, current_position['r'] )
m_lite.set_ptpcmd(6, current_position['x'] - 15, current_position['y'] - 15,
                  current_position['z'] - 15, current_position['r'] )
m_lite.set_ptpcmd(7, current_position['x'] + 50, current_position['y'] - 50,
                  current_position['z'] + 50, current_position['r'] )
m_lite.set_ptpcmd(8, current_position['x'] - 50, current_position['y'] + 50,
                  current_position['z'] - 50, current_position['r'] )
m_lite.set_ptpcmd(9, current_position['x'] + 30, current_position['y'] + 30,
                  current_position['z'] + 30, current_position['r'] )
```

[표 5-25] 차이점 확인

3. P&P Home 제어하기

1) 교육 목적

로봇과 스마트 설비 간에 안전하고 효율적으로 협력하여 작업을 수행할 수 있도록 시스템을 검토하고 설계하는 능력이다.

(1) 실습 목적

① 방향키 또는 스페이스바를 이용하여 로봇 팔의 상하좌우 이동 및 홈 위치로 이동시킬 수 있다.

② 키 입력에 따라 움직이도록 조건문을 구현할 수 있다.

③ 키보드를 사용하여 로봇을 조작하는 기능을 구현할 수 있다.

(2) 이론

① 키보드 입력을 받기 위한 준비

[그림 5-14]와 [그림 5-15]와 같이 파이썬에서 keyboard 라이브러리를 사용하기 위해 (import keyboard) "pip install keyboard" 명령어를 입력한다.

DOBOT LAB
Lib Management
PIP installation mode
Install

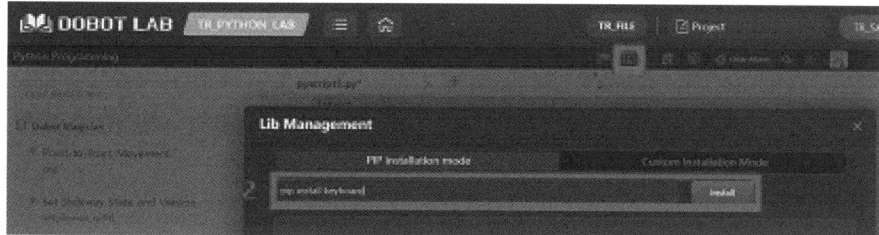

[그림 5-14] PIP 명령어

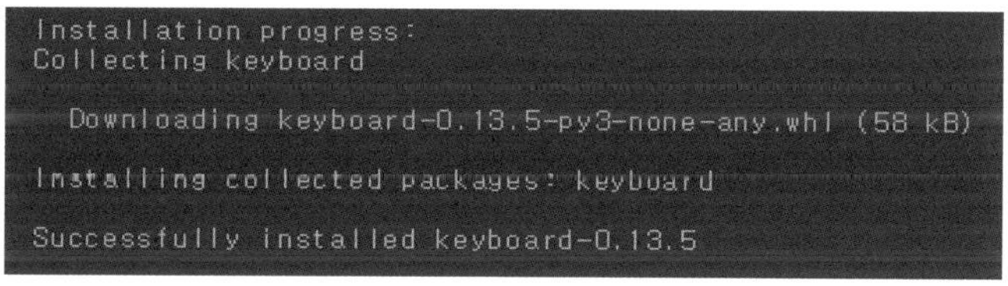

Installation progress:
Collecting keyboard
Downloading keyboard-0.13.5-py3-none-any.whl (58 kB)
Installing collected packages: keyboard
Successfully installed keyboard-0.13.5

[그림 5-15] 라이브러리 설치

② **로봇 팔 제어 함수**

㉠ go_home(): 로봇 팔을 홈으로 이동한다.

㉡ move_up(): 로봇 팔을 위로 올린다.

㉢ move_down(): 로봇 팔을 아래로 내린다.

㉣ move_left(): 로봇 팔을 왼쪽으로 이동한다.

㉤ move_right(): 로봇 팔을 오른쪽으로 이동한다.

③ **키보드 제어 함수**

handle_key_press(key): 키보드가 눌릴 때 특정 동작을 수행한다.

④ **키 입력에 따라 움직이도록 조건문을 구현하는 법**

if ~ elif 문을 사용한다.

(3) 준비

① **구성 부품**

실습을 하기 위한 구성 부품들은 [표 4-2]를 참조한다.

② **Magician Lite 연결**

Magician Lite와 PC 연결, Magician Lite의 전원 연결은 [그림 4-4]와 [그림 4-5]를 참조한다.

③ Dobotlab 실행

　　㉠ Step 1

　　　[그림 5-16]와 같이 Dobotlab을 실행한다.

　　㉡ Step 2

　　　[그림 5-17]와 같이 PythonLab을 실행하여 코드를 작성한다.

(4) 동작 설명

① 키보드의 방향키와 스페이스바를 누를 때마다 로봇 팔이 움직인다.

② 방향키의 방향에 따라 로봇의 end point가 상/하/좌/우를 움직이며, 스페이스 바를 누를 경우 홈 위치로 복귀한다.

[그림 5-16] 키보드로 로봇 팔 움직임 제어

[그림 5-17] 홈 위치

(5) 소스 코드

```python
from DobotEDU import *
import keyboard
# Dobot 팔을 홈 위치로 이동하는 함수
def go_home():
    m_lite.set_homecmd()


# Dobot 팔을 위로 이동하는 함수
def move_up():
    current_position = m_lite.get_pose()
    m_lite.set_ptpcmd(2, current_position['x'], current_position['y'], current_position['z']
                + 10, current_position['r'] )


# Dobot 팔을 아래로 이동하는 함수
def move_down():
    current_position = m_lite.get_pose();
    m_lite.set_ptpcmd(2, current_position['x'], current_position['y'], current_position['z']
                - 10, current_position['r'] )
```

```python
# Dobot 팔을 왼쪽으로 이동하는 함수
def move_left():
    current_position = m_lite.get_pose();
    m_lite.set_ptpcmd(2, current_position['x'], current_position['y'] -10, current_
                        position['z'], current_position['r'] )


# Dobot 팔을 오른쪽으로 이동하는 함수
def move_right():
    current position = m lite.get_pose();
    m_lite.set_ptpcmd(2, current_position['x'], current_position['y'] +10, current_
                        position['z'], current_position['r'] )


# 키 입력에 따라 동작을 수행하는 함수
def handle_key_press(key):
    if key == 'up':
        print(key)
        move_up()
    elif key == 'down':
        print(key)
        move_down()
    elif key == 'left':
        print(key)
        move_left()
    elif key == 'right':
        print(key)
        move_right()
    elif key == 'space':
        print(key)
        go_home()


# 키 입력을 감지하기 위한 메인 루프
while True:
    try:
        if keyboard.is_pressed('up') or keyboard.is_pressed('down') or keyboard.is_pressed
            ('left') or keyboard.is_pressed('right') or keyboard.is_pressed('space'):
            handle_key_press(keyboard.read_key())
    except KeyboardInterrupt:
        break
```

[표 5-26] 소스코드

(6) 학습 평가

영역	번호	문 항	미흡	보통	우수
PTP & Home 제어 실습	1	키 입력에 따라 움직이도록 조건문을 구현할 수 있는가?	①	②	③
	2	키보드를 사용하여 로봇을 조작하는 기능을 구현할 수 있는가?	①	②	③
	3	로봇 팔의 상하좌우 이동 및 홈 위치로 이동하는 작업이 원활하게 진행되는가?	①	②	③

[표 5-27] 학습 평가

(7) 연습 문제

① 키보드 방향키를 대신하여 WASD를 사용하여 로봇 팔을 이동시키시오.

WASD 이동 코드

```
...
# 키 입력에 따라 동작을 수행하는 함수
def handle_key_press(key):
    if key == '###':
        print(key)
        move_up()
    elif key == '###':
        print(key)
        move_down()
    elif key == '###':
        print(key)
        move_left()
    elif key == '###':
        print(key)
        move_right()
    elif key == 'space':
        print(key)
        go_home()
...
```

[표 5-28] 이동 코드

② 키보드 X와 Z키를 사용하여 로봇 팔을 앞/뒤로 움직이시오.

X, Z 동작

```
...
```

```python
# Dobot 팔을 앞으로 이동하는 함수
def move_front():
    current_position = m_lite.get_pose();
    m_lite.set_ptpcmd(2, ###, ###, ###)

# Dobot 팔을 뒤로 이동하는 함수
def move_back():
    current_position = m_lite.get_pose();
    m_lite.set_ptpcmd(2, ###, ###, ###)

# 키 입력에 따라 동작을 수행하는 함수
def handle_key_press(key):
    if key == '###':
        print(key)
        move_front()
    elif key == '###':
        print(key)
        move_back()

...
```

[표 5-29] X, Z 동작

4. 로봇 Suction cup 활용하기

1) 교육 목적

로봇과 스마트 설비 간에 안전하고 효율적으로 협력하여 작업을 수행할 수 있도록 시스템을 검토하고 설계하는 능력이다.

(1) 실습 목적

① Suction Cup의 온/오프 제어 방법과 로봇 팔의 End Point 좌표 제어 개념을 설명할 수 있다.

② Suction Cup을 사용하여 오브젝트를 집어 올리고, 이동 경로를 정하고, 다시 내려놓는 프로그램을 작성할 수 있다.

③ 로봇의 제어를 위해 딜레이 타임이 필요한 이유에 대해 설명할 수 있다.

(2) 이론

① 로봇 팔 제어 함수

　㉠ move_to_pick_location(): 물건의 위치로 로봇 팔을 이동한다.

　㉡ move_to_place_location(): 물건을 내려놓을 위치로 로봇 팔을 이동한다.

② Suction Cup 제어 함수

　㉠ lift_suction_cup(): suction cup(로봇 팔)을 들어올린다.

　㉡ lower_suction_cup(): suction cup(로봇 팔)을 내린다.

　㉢ control_suction_cup(enable, on): suction cup의 동작 유무를 지정한다.

③ 로봇 팔의 제어를 위해 딜레이 타임이 필요한 이유

　㉠ 파이썬에서 제공하는 time.sleep(시간)을 사용한다. import time이 필요하다.

　㉡ 로봇 팔을 제어하는 중에 시간 지연이 없이 바로 다음 동작을 수행하게 된다면 로봇 팔에 부하가 걸릴 수 있다. 따라서 작업의 각 단계마다 시간 지연을 넣어 안정적으로 로봇 팔이 작업을 수행할 수 있도록 한다.

　㉢ 예를 들어, 무거운 물체를 옮길 때 시간 지연 없이 바로 다음 동작을 수행하면 이동하던 물체의 관성으로 인해 로봇 팔에 부하가 걸릴 수 있다.

(3) 준비

① 구성 부품

실습을 하기 위한 구성 부품들은 [표 4-2]를 참조한다.

② Magician Lite 연결

Magician Lite와 PC 연결, Magician Lite의 전원 연결은 [그림 4-4]와 [그림 4-5]를 참조한다.

③ 엔드 이펙터 연결

[그림 4-25]와 [그림 4-26]을 참조하여 연결한다.

(4) 동작 설명

[그림 5-18]과 [그림 5-19]와 같이 Suction Cup을 사용하여 A 위치의 오브젝트를 집어 올려 F 위치로 이동시킨다.

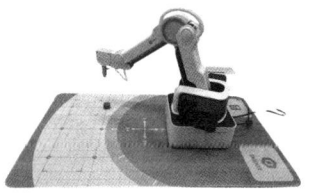

[그림 5-18] 동작 전(A 위치)

[그림 5-19] 동작 후(F 위치)

(5) 소스코드

```python
from DobotEDU import *
import time

# 흡착 컵 매개변수 설정
suction_cup_enable = True
suction_cup_on = True
suction_cup_off = False


# 집고 놓을 위치 설정
pick_location = (240, -100, 15, 0) # 집는 위치 좌표
place_location = (340, 100, 15, 0) # 놓는 위치 좌표
lift_height = 60 # 물체를 들어올리는 높이

# 집는 위치로 흡착 컵 이동하는 함수
def move_to_pick_location():
    m_lite.set_ptpcmd(2, pick_location[0], pick_location[1], pick_location[2], pick_
                    location[3])
    time.sleep(1) # 팔이 집는 위치에 도달할 때까지 대기

# 놓는 위치로 흡착 컵 이동하는 함수
def move_to_place_location():
    m_lite.set_ptpcmd(2, place_location[0], place_location[1], place_location[2], place_
                    location[3])
    time.sleep(1) # 팔이 놓는 위치에 도달할 때까지 대기
# 흡착 컵을 들어 올리는 함수
def lift_suction_cup():
    current_position = m_lite.get_pose()
    m_lite.set_ptpcmd(2, current_position['x'], current_position['y'], current_position['z']
                    + lift_height, current_position['r'])
    time.sleep(4) # 흡착 컵이 들어 올릴 때까지 대기
```

```
# 흡착 컵을 내리는 함수
def lower_suction_cup():
    current_position = m_lite.get_pose()
    m_lite.set_ptpcmd(2, current_position['x'], current_position['y'], current_position['z']
                    - lift_height, current_position['r'])
    time.sleep(4) # 흡착 컵이 내려갈 때까지 대기

# 흡착 컵 상태를 제어하는 함수
def control_suction_cup(enable, on):
    m_lite.set_endeffector_suctioncup(enable, on)

# 집는 위치로 이동하고 흡착 컵 비활성화
move_to_pick_location()
control_suction_cup(suction_cup_enable, suction_cup_off)

# 흡착 컵을 내리고 흡착 컵 활성화
lower_suction_cup()
control_suction_cup(suction_cup_enable, suction_cup_on)
# 흡착 컵을 들어 올림.
lift_suction_cup()
# 놓는 위치로 이동
move_to_place_location()
# 흡착 컵을 내리고 흡착 컵 비활성화
lower_suction_cup()
control_suction_cup(suction_cup_enable, suction_cup_off)
# 흡착 컵을 들어 올림.
lift_suction_cup()
# 집는 위치로 되돌아감.
move_to_pick_location()
```

[표 5-30] 흡착 컵 P&P 제어

(6) 학습 평가

영역	번호	문 항	미흡	보통	우수
Pick and Place (Suction Cup)	1	Suction Cup 툴을 이용하여 오브젝트를 이동시키는 작업을 구현할 수 있는가?	①	②	③
	2	로봇 팔의 End Point 좌표 제어 개념을 설명할 수 있는가?	①	②	③
	3	로봇 팔의 상하좌우 이동 및 홈 위치로 이동하는 작업이 원활하게 진행되는가?	①	②	③

[표 5-31] 학습 평가

(7) 연습 문제

① A 위치에서 E 위치로 물체를 옮기시오.

위치 변경

...
# 집고 놓을 위치 설정 	
pick_location = (###, ###, ###, 0) # 집는 위치 좌표
place_location = (###, ###, ###, 0) # 놓는 위치 좌표
lift_height = 60 # 물체를 들어 올리는 높이
...

[표 5-32] 위치 변경

② Suction Cup의 동작이 완료되면, 로봇 팔을 다시 Home으로 이동시키시오.

로봇 팔 Home 동작

...
# Dobot 팔을 홈 위치로 이동하는 함수 	
def go_home():
    ####
...
# 흡착 컵을 들어 올림. 	
lift_suction_cup()
# 홈 위치로 되돌아감. 	
####

[표 5-33] 로봇 팔 Home 동작

5. 로봇 Gripper 활용하기

1) 교육 목적

로봇과 스마트 설비 간에 안전하고 효율적으로 협력하여 작업을 수행할 수 있도록 시스템을 검토하고 설계하는 능력이다.

(1) 실습 목적

① Gripper의 open/close 제어 방법과 로봇 팔의 End Point 좌표 제어 개념을 설명할 수 있다.

② Gripper를 사용하여 오브젝트를 정확하게 이동하는 프로그램을 작성할 수 있다.

③ 로봇 제어를 위해 딜레이 타임이 필요한 이유에 대해 설명할 수 있다.

(2) 이론

① 로봇 팔 제어 함수

㉠ move_to_pick_location(): 물건의 위치로 로봇 팔을 이동한다.

㉡ move_to_place_location(): 물건을 내려놓을 위치로 로봇 팔을 이동한다.

② Gripper 제어 함수

㉠ lift_gripper(): gripper(로봇 팔)를 들어 올린다.

㉡ lower_gripper(): gripper(로봇 팔)를 내린다.

㉢ control_gripper(enable, open): gripper의 동작 유무를 지정한다.

③ 로봇 팔의 제어를 위해 딜레이 타임이 필요한 이유

㉠ 파이썬에서 제공하는 time.sleep(시간)을 사용한다. import time이 필요하다.

㉡ 로봇 팔을 제어하는 중에 시간 지연이 없이 바로 다음 동작을 수행하게 된다면 로봇 팔에 부하가 걸릴 수 있다. 따라서 작업의 각 단계마다 시간 지연을 넣어 안정적으로 로봇 팔이 작업을 수행할 수 있도록 한다.

㉢ 예를 들어, 무거운 물체를 옮길 때 시간 지연 없이 바로 다음 동작을 수행하면 이동하던 물체의 관성으로 인해 로봇 팔에 부하가 걸리며 에러가 발생할 수 있다.

(3) 준비

① 구성 부품

실습을 하기 위한 구성 부품들은 [표 4-2]를 참조한다.

② Magician Lite 연결

Magician Lite와 PC 연결, Magician Lite의 전원 연결은 [그림 4-4]와 [그림 4-5]를 참조한다.

③ 엔드 이펙터 연결

[그림 4-25]와 [그림 4-26]을 참조하여 엔드 이펙터를 연결한다.

(4) 동작 설명

[그림 5-20]과 [그림 5-21]과 같이 Suction Cup을 사용하여 A 위치의 오브젝트를 집어 올려 F 위치로 이동시킨다.

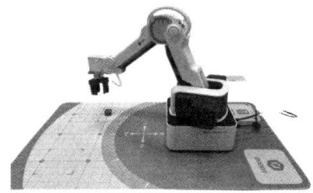

[그림 5-20] 동작 전 (A 위치)　　　　　　　　[그림 5-21] 동작 후 (F 위치)

(5) 소스코드

```python
from DobotEDU import *
import time
# 그리퍼 매개변수 설정
gripper_enable = True
gripper_open = False
gripper_close = True

# 집고 놓을 위치 설정
pick_location = (240, -100, 40, 0) # 집는 위치 좌표
lift_height = 60 # 물체를 들어올리는 높이
place_location = (340, 100, 40, 0) # 놓는 위치 좌표

# 그리퍼를 집는 위치로 이동하는 함수
def move_to_pick_location():
    m_lite.set_ptpcmd(2, pick_location[0], pick_location[1], pick_location[2], pick_
                    location[3])
    time.sleep(1) # 팔이 집는 위치에 도달할 때까지 대기

# 그리퍼를 들어 올리는 함수
def lift_gripper():
    current_position = m_lite.get_pose()
    m_lite.set_ptpcmd(2, current_position['x'], current_position['y'], current_position['z']
                    + lift_height, current_position['r'])
    time.sleep(4) # 그리퍼가 들어 올릴 때까지 대기
```

```python
# 그리퍼를 내리는 함수
def lower_gripper():
    current_position = m_lite.get_pose()
    m_lite.set_ptpcmd(2, current_position['x'], current_position['y'], current_position['z']
                        - lift_height, current_position['r'])
    time.sleep(4) # 그리퍼가 내려갈 때까지 대기

# 그리퍼를 놓는 위치로 이동하는 함수
def move_to_place_location():
    m_lite.set_ptpcmd(2, place_location[0], place_location[1], place_location[2], place_
                        location[3])
    time.sleep(1) # 팔이 놓는 위치에 도달할 때까지 대기

# 그리퍼 상태를 제어하는 함수
def control_gripper(enable, open):
    m_lite.set_endeffector_gripper(enable, open)
    time.sleep(1) # 그리퍼가 들어 올릴 때까지 대기

# 집는 위치로 이동하고 그리퍼 잡기
move_to_pick_location()
control_gripper(gripper_enable, gripper_open)

# 그리퍼를 내리고 잡기
lower_gripper()
control_gripper(gripper_enable, gripper_close)

# 그리퍼를 들어 올림.
lift_gripper()

# 놓는 위치로 이동
move_to_place_location()

# 그리퍼를 내리고 놓기
lower_gripper()
control_gripper(gripper_enable, gripper_open)

# 그리퍼를 들어 올림.
lift_gripper()

# 집는 위치로 되돌아가기
move_to_pick_location()
```

[표 5-34] 그리퍼 제어 코드

(6) 학습 평가

영역	번호	문 항	미흡	보통	우수
Pick and Place (Gripper)	1	Gripper 툴을 이용하여 오브젝트를 이동시키는 작업을 구현할 수 있는가?	①	②	③
	2	로봇 팔의 End Point 좌표 제어 개념을 설명할 수 있는가?	①	②	③
	3	로봇 팔의 상하좌우 이동 및 홈 위치로 이동하는 작업이 원활하게 진행되는가?	①	②	③

[표 5 35] 학습 평가

(7) 연습 문제

① A 위치에서 E 위치로 물체를 옮기시오.

위치 변경

```
...
# 집고 놓을 위치 설정
pick_location = (###, ###, ###, 0) # 집는 위치 좌표
place_location = (###, ###, ###, 0) # 놓는 위치 좌표
lift_height = 60 # 물체를 들어 올리는 높이
...
```

[표 5-36] 위치 변경

② Gripper의 동작이 완료되면, 로봇 팔을 다시 Home으로 이동시키시오.

로봇 팔 Home 동작

```
...
# Dobot 팔을 홈 위치로 이동하는 함수
def go_home():
    ####
...
# 흡착 컵을 들어 올림.
lift_gripper()
# 홈 위치로 되돌아감.
####
```

[표 5-37] 로봇 팔 Home 동작

6. 로봇 동작 순서와 좌표 제어하기

1) 교육 목적

로봇과 스마트 설비 간에 안전하고 효율적으로 협력하여 작업을 수행할 수 있도록 시스템을 검토하고 설계하는 능력이다.

(1) 실습 목적

① 여러 위치의 오브젝트를 원하는 순서와 위치로 이동하는 프로그램을 작성할 수 있다.

② 로봇의 동작 순서와 좌표를 고려하여 로봇을 제어하는 법을 설명할 수 있다.

③ Suction Cup을 이용하여 오브젝트를 이동할 수 있다.

(2) 이론

① 로봇 팔 제어 함수

㉠ move_to_block(color): 물건의 위치로 로봇 팔을 이동한다.

㉡ move_to_placement(color): 물건을 내려놓을 위치로 로봇 팔을 이동한다.

② Suction Cup 제어 함수

㉠ lift_suction_cup(): suction cup(로봇 팔)을 들어 올린다.

㉡ lower_suction_cup(): suction cup(로봇 팔)을 내린다.

㉢ control_suction_cup(enable, on): suction cup의 동작 유무를 지정한다.

③ 로봇의 순차 제어 방법

㉠ Timer 시퀀스 제어: 일정 시간에 한 번씩 로봇 팔의 움직임을 제어한다.

㉡ Count 시퀀스 제어: 수가 카운트될 때마다 정해진 숫자에 해당하는 동작을 수행한다.

(3) 준비

① 구성 부품

실습을 하기 위한 구성 부품들은 [표 4-2]를 참조한다.

② **Magician Lite 연결**

Magician Lite와 PC 연결, Magician Lite의 전원 연결은 [그림 4-4]와 [그림 4-5]를 참조한다.

③ **엔드 이펙터 연결**

[그림 4-25]와 [그림 4-26]을 참조하여 엔드 이펙터를 연결한다.

(4) 동작 설명

① [그림 5-22]와 같이 A 위치의 오브젝트, C 위치의 오브젝트, E 위치의 오브젝트를 B의 Y축 0 위치를 기준으로 나란히 배치한다.

② [그림 5-23]과 같이 좌, 우, 상 방향에 있는 오브젝트를 중앙에 나란히 놓는다.

[그림 5-22] 동작 전   [그림 5-23] 동작 후

(5) 소스코드

```python
from DobotEDU import *
import time

# 블록의 색상과 위치 설정
blocks = {
    'red': (240, -100, 15, 0), # 빨간 블록의 좌표
    'blue': (240, 100, 15, 0), # 파란 블록의 좌표
    'yellow': (340, 0, 15, 0) # 노란 블록의 좌표
}

# 블록을 배치할 위치 설정
placement_positions = {
    'red': (240, -20, 15, 0), # 빨간 블록을 배치할 좌표
    'blue': (240, 0, 15, 0), # 파란 블록을 배치할 좌표
```

```python
        'yellow': (240, 20, 15, 0) # 노란 블록을 배치할 좌표
}


# 블록을 들어 올리는 높이 설정
lift_height = 60 # 블록을 들어 올리는 높이

# 흡착기를 블록 위치로 이동시키는 함수
def move_to_block(color):
    position = blocks[color]
    m_lite.set_ptpcmd(2, position[0], position[1], position[2], position[3])
    time.sleep(1) # 팔이 블록 위치로 이동할 때까지 대기


# 흡착기를 들어 올리는 함수
def lift_suction_cup():
    current_position = m_lite.get_pose()
    m_lite.set_ptpcmd(2, current_position['x'], current_position['y'], current_position['z']
                      + lift_height, current_position['r'])
    time.sleep(1) # 흡착기가 블록을 들어 올릴 때까지 대기


# 흡착기를 내리는 함수
def lower_suction_cup():
    current_position = m_lite.get_pose()
    m_lite.set_ptpcmd(2, current_position['x'], current_position['y'], current_position['z']
                      - lift_height, current_position['r'])
    time.sleep(1) # 흡착기가 블록을 내릴 때까지 대기


# 흡착기를 배치 위치로 이동시키는 함수
def move_to_placement(color):
    position = placement_positions[color]
    m_lite.set_ptpcmd(2, position[0], position[1], position[2], position[3])
    time.sleep(1) # 팔이 배치 위치로 이동할 때까지 대기


# 흡착기 상태를 제어하는 함수
def control_suction_cup(enable, on):
    m_lite.set_endeffector_suctioncup(enable, on)
    time.sleep(1) # 흡착기 동작이 완료될 때까지 대기
```

```
# 빨간 블록 가져오기
move_to_block('red')
control_suction_cup(enable=True, on=False)
lower_suction_cup()
control_suction_cup(enable=True, on=True)
lift_suction_cup()
move_to_placement('red')
lower_suction_cup()
control_suction_cup(enable=True, on=False)
lift_suction_cup()

# 파란 블록 가져오기
move_to_block('blue')
control_suction_cup(enable=True, on=False)
lower_suction_cup()
control_suction_cup(enable=True, on=True)
lift_suction_cup()
move_to_placement('blue')
lower_suction_cup()
control_suction_cup(enable=True, on=False)
lift_suction_cup()

# 노란 블록 가져오기
move_to_block('yellow')
control_suction_cup(enable=True, on=False)
lower_suction_cup()
control_suction_cup(enable=True, on=True)
lift_suction_cup()
move_to_placement('yellow')
lower_suction_cup()
control_suction_cup(enable=True, on=False)
lift_suction_cup()
```

[표 5-38] 흡착기 제어 코드

(6) 학습 평가

영역	번호	문 항	미흡	보통	우수
로봇 시퀀스 프로그래밍 1	1	Suction Cup 툴을 이용하여 오브젝트를 이동시키는 작업을 구현할 수 있는가?	①	②	③
	2	로봇을 순차적으로 제어하는 작업이 원활하게 진행되는가?	①	②	③
	3	여러 오브젝트들이 나란히 배치되어 있는가?	①	②	③

[표 5-39] 학습 평가

(7) 연습문제

① 엔드 이펙터를 Gripper로 교체한 후, 요구 동작을 구현하시오.

Gripper로 코드 작성
조건: 가능한 최소한의 수정만을 거쳐서 코드 작성

[표 5-40] Gripper 코드

② 중앙에 배치된 오브젝트(물체)들을 원래 배치 상태로 이동 변경하시오.

로봇 팔 Home 동작

```
...
# 블록의 색상과 위치 설정
blocks = {
    'red': (###, ###, ###, 0), # 빨간 블록의 좌표
    'blue': (###, ###, ###, 0), # 파란 블록의 좌표
    'yellow': (###, ###, ###, 0) # 노란 블록의 좌표
}
# 블록을 배치할 위치 설정
placement_positions = {
    'red': (###, ###, ###, 0), # 빨간 블록을 배치할 좌표
    'blue': (###, ###, ###, 0), # 파란 블록을 배치할 좌표
    'yellow': (###, ###, ###, 0) # 노란 블록을 배치할 좌표
}
...
```

[표 5-41] 로봇 팔 Home 동작

7. Suction cup을 사용한 로봇 제어하기

1) 교육 목적

로봇과 스마트 설비 간에 안전하고 효율적으로 협력하여 작업을 수행할 수 있도록 시스템을 검토하고 설계하는 능력이다.

(1) 실습 목적

① 로봇의 동작 순서와 좌표를 고려하여 로봇을 제어하는 법을 설명할 수 있다.

② Suction Cup을 사용하여 여러 좌표의 오브젝트를 원하는 순서와 위치로 움직일 수 있다.

③ Suction Cup을 사용하여 오브젝트를 들어 올리고 내릴 수 있다.

(2) 이론

① 로봇의 Z축 좌표에 이해

Dobot 로봇 팔 움직임 제어에는 x, y, z, r 축 좌표를 사용한다. 이 중 z축 좌표는 로봇 팔 혹은 물체의 높낮이를 의미한다. 즉 [그림 5-24]와 같이 로봇 팔이나 물체를 앞 뒤 좌우로만 움직이는 것이 아니라 3차원적으로 높낮이를 제어하는 것이다.

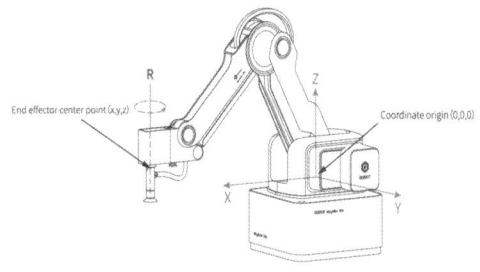

[그림 5-24] Magician Lite 직교 좌표계

② 로봇 팔 제어 함수

㉠ move_to_block(color): 물건의 위치로 로봇 팔을 이동한다.

㉡ move_to_placement(color): 물건을 내려놓을 위치로 로봇 팔을 이동한다.

③ Suction Cup 제어 함수

㉠ lift_suction_cup(): suction cup(로봇 팔)을 들어 올린다.

㉡ lower_suction_cup(): suction cup(로봇 팔)을 내린다.

㉢ control_suction_cup(enable, on): suction cup의 동작 유무를 지정한다.

④ 로봇의 순차 제어 방법

　㉠ Timer 시퀀스 제어: 일정 시간에 한 번씩 로봇 팔의 움직임을 제어한다.

　㉡ Count 시퀀스 제어: 수가 카운트 될 때마다 정해진 숫자에 해당하는 동작을 수행한다.

(3) 준비

① 구성 부품

실습을 하기 위한 구성 부품들은 [표 4-2]를 참조한다.

② Magician Lite 연결

Magician Lite와 PC 연결, Magician Lite의 전원 연결은 [그림 4-4]와 [그림 4-5]를 참조한다.

③ 엔드 이펙터 연결

[그림 4-25]와 [그림 4-26]을 참조하여 엔드 이펙터를 연결한다.

(4) 동작 설명

① [그림 5-25]와 같이 Suction Cup을 이용하여, 좌, 우, 상 방향에 있는 적색, 청색, 황색 3개의 오프젝트를 중앙에 쌓는 작업을 수행한다.

② [그림 5-26]과 같이 A, C, E 위치의 오브젝트를 B 위치에 쌓는다.

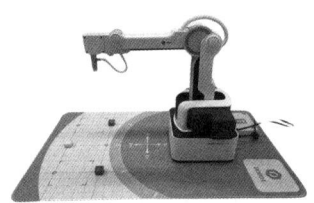

[그림 5-25] 동작 전

[그림 5-26] 동작 후

(5) 소스코드

```python
from DobotEDU import *
import time
```

```
# 블록의 색상과 위치 설정
blocks = {
    'red': (240, -100, 15, 0), # 빨간 블록의 좌표
    'blue': (240, 100, 15, 0), # 파란 블록의 좌표
    'yellow': (340, 0, 15, 0) # 노란 블록의 좌표
}
# 블록을 배치할 위치 설정
placement_positions = {
    'red': (240, 0, 15, 0), # 빨간 블록을 배치할 좌표
    'blue': (240, 0, 25, 0), # 파란 블록을 배치할 좌표
    'yellow': (240, 0, 35, 0) # 노란 블록을 배치할 좌표
}


# 블록을 들어 올리는 높이 설정
lift_height = 60 # 블록을 들어올리는 높이

# 흡착기를 블록 위치로 이동시키는 함수
def move_to_block(color):
    position = blocks[color]
    m_lite.set_ptpcmd(2, position[0], position[1], position[2], position[3])
    time.sleep(1) # 팔이 블록 위치로 이동할 때까지 대기

# 흡착기를 들어 올리는 함수
def lift_suction_cup():
    current_position = m_lite.get_pose()
    m_lite.set_ptpcmd(2, current_position['x'], current_position['y'], current_position['z']
                    + lift_height, current_position['r'])
    time.sleep(1) # 흡착기가 블록을 들어 올릴 때까지 대기

# 흡착기를 내리는 함수
def lower_suction_cup():
    current_position = m_lite.get_pose()
    m_lite.set_ptpcmd(2, current_position['x'], current_position['y'], current_position['z']
                    - lift_height, current_position['r'])
    time.sleep(1) # 흡착기가 블록을 내릴 때까지 대기

# 흡착기를 배치 위치로 이동시키는 함수
```

```python
def move_to_placement(color):
    position = placement_positions[color]
    m_lite.set_ptpcmd(2, position[0], position[1], position[2], position[3])
    time.sleep(1) # 팔이 배치 위치로 이동할 때까지 대기


# 흡착기 상태를 제어하는 함수
def control_suction_cup(enable, on):
    m_lite.set_endeffector_suctioncup(enable, on)
    time.sleep(1) # 흡착기 동작이 완료될 때까지 대기

# 빨간 블록 가져오기
move_to_block('red')
control_suction_cup(enable=True, on=False)
lower_suction_cup()
control_suction_cup(enable=True, on=True)
lift_suction_cup()
move_to_placement('red')
lower_suction_cup()
control_suction_cup(enable=True, on=False)
lift_suction_cup()

# 파란 블록 가져오기
move_to_block('blue')
control_suction_cup(enable=True, on=False)
lower_suction_cup()
control_suction_cup(enable=True, on=True)
lift_suction_cup()
move_to_placement('blue')
lower_suction_cup()
control_suction_cup(enable=True, on=False)
lift_suction_cup()

# 노란 블록 가져오기
move_to_block('yellow')
control_suction_cup(enable=True, on=False)
lower_suction_cup()
control_suction_cup(enable=True, on=True)
```

```
lift_suction_cup()
move_to_placement('yellow')
lower_suction_cup()
control_suction_cup(enable=True, on=False)
lift_suction_cup()
```

[표 5-42] 흡착기 제어

(6) 학습 평가

영역	번호	문 항	미흡	보통	우수
로봇 시퀀스 프로그래밍 실습 2	1	로봇의 Z축 좌표에 대해 설명할 수 있는가?	①	②	③
	2	로봇을 순차적으로 제어하는 작업이 원활하게 진행되는가?	①	②	③
	3	여러 오브젝트들이 나란히 배치되어 있는가?	①	②	③

[표 5-43] 학습 평가

(7) 연습 문제

① 엔드 이펙터를 Gripper로 교체 후 아래 요구 동작을 구현하시오.

Gripper로 코드 작성

조건: 가능한 최소한의 수정만을 거쳐서 코드 작성

[표 5-44] Gripper 코드

② 중앙에 배치된 오브젝트(물체)들을 원래 상태로 위치를 변경하시오.

로봇 팔 Home 동작

```
...
# 블록의 색상과 위치 설정
blocks = {
    'red': (###, ###, ###, 0), # 빨간 블록의 좌표
    'blue': (###, ###, ###, 0), # 파란 블록의 좌표
    'yellow': (###, ###, ###, 0) # 노란 블록의 좌표
}

# 블록을 배치할 위치 설정
placement_positions = {
```

```
    'red': (###, ###, ###, 0), # 빨간 블록을 배치할 좌표
    'blue': (###, ###, ###, 0), # 파란 블록을 배치할 좌표
    'yellow': (###, ###, ###, 0) # 노란 블록을 배치할 좌표
}
...
```

[표 5-45] 로봇 팔 Home 동작

8. for문을 활용한 로봇 제어하기

1) 교육 목적

로봇과 스마트 설비 간에 안전하고 효율적으로 협력하여 작업을 수행할 수 있도록 시스템을 검토하고 설계하는 능력이다.

(1) 실습 목적

① Dobot 로봇 팔의 기본적인 제어 방법에 대해 설명할 수 있다.

② Suction Cup을 사용하여 오브젝트를 원하는 위치로 움직일 수 있다.

③ Suction Cup을 사용하여 오브젝트를 들어올리고 내릴 수 있다.

(2) 이론

① 반복 동작

㉠ 파이썬에서 제공하는 for 변수 in 시퀀스를 사용한다.

㉡ 시퀀스는 반복할 항목을 선택하고, 변수에는 반복을 수행하는 변수를 넣는다.

㉢ 시퀀스에 있는 데이터 수마다 for문 안에 있는 문장들을 반복해서 수행한다.

㉣ 예를 들어, for i in (3): print(i)를 하면 0부터 2가 출력된다. print(i) 대신 로봇 팔을 제어하는 문장을 넣으면 해당 문장들이 한 번씩 총 3번 수행한다.

② 로봇 팔 제어 함수

move_to_placement(color): 물건을 내려놓을 위치로 로봇 팔을 이동한다.

③ **Suction Cup 제어 함수**

ㄱ lift_suction_cup(): suction cup(로봇 팔)을 들어 올린다.

ㄴ lower_suction_cup(): suction cup(로봇 팔)을 내린다.

ㄷ control_suction_cup(enable, on): suction cup의 동작 유무를 지정한다.

(3) 준비

① **구성 부품**

실습을 하기 위한 구성 부품들은 [표 4-2]를 참조한다.

② **Magician Lite 연결**

Magician Lite와 PC 연결, Magician Lite의 전원 연결은 [그림 4-4]와 [그림 4-5]를 참조한다.

③ **엔드 이펙터 연결**

[그림 4-25]와 [그림 4-26]을 참조하여 엔드 이펙터를 연결한다.

(4) 동작 설명

① 중앙에 3 x 4로 배치되어 있는 오브젝트를 상단 4포인트, 좌측 4포인트, 우측 4포인트로 이동하는 동작을 수행한다.

② 프로그램 실행 후, [그림 5-27]과 같이 로봇 팔을 초기 위치로 설정하고 Suction Cup을 비활성화한다.

③ 오브젝트를 들어 올리기 위해 반복문을 사용하여 block1_positions, block2_positions, block3_positions의 각 위치로 이동하고 Suction Cup을 내려 오브젝트를 잡는다.

④ [그림 5-28]과 같이 Suction Cup을 활성화하여 오브젝트를 들어올린 후, top_positions, left_positions, right_positions에 각각 배치한다. 배치 후 Suction Cup을 비활성화하고 오브젝트를 들어 올리는 과정을 반복한다.

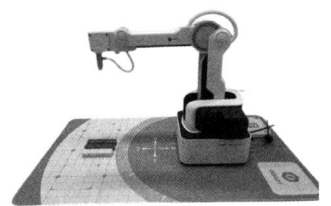

[그림 5-27] 동작 전

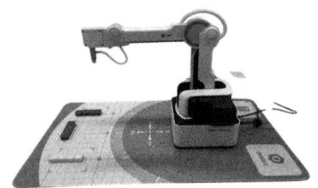

[그림 5-28] 동작 후

(5) 소스 코드

```
from DobotEDU import *
import time

# 각 방향에 대한 위치 설정
top_positions = [(340, -40, 15, 0), (340, -20, 15, 0), (340, 0, 15, 0), (340, 20, 15, 0)]
left_positions = [(340, -100, 15, 0), (320, -100, 15, 0), (300, -100, 15, 0), (280, -100, 15, 0)]
right_positions = [(340, 100, 15, 0), (320, 100, 15, 0), (300, 100, 15, 0), (280, 100, 15, 0)]
block1_positions = [(240, -20, 15, 0), (260, -20, 15, 0), (280, -20, 15, 0), (300, -20, 15, 0)]
block2_positions = [(240, 0, 15, 0), (260, 0, 15, 0), (280, 0, 15, 0), (300, 0, 15, 0)]
block3_positions = [(240, 20, 15, 0), (260, 20, 15, 0), (280, 20, 15, 0), (300, 20, 15, 0)]

# 블록을 들어 올리기 위한 높이 설정
lift_height = 60

# 흡착기를 들어 올리는 함수
def lift_suction_cup():
    current_position = m_lite.get_pose()
    m_lite.set_ptpcmd(2, current_position['x'], current_position['y'], current_position['z'] +
                lift_height, current_position['r'])
    time.sleep(1) # 흡착기가 블록을 들어 올릴 때까지 대기

# 흡착기를 내리는 함수
def lower_suction_cup():
    current_position = m_lite.get_pose()
    m_lite.set_ptpcmd(2, current_position['x'], current_position['y'], current_position['z']
                - lift_height, current_position['r'])
    time.sleep(1) # 흡착기가 블록을 내릴 때까지 대기

# 흡착기를 배치 위치로 이동시키는 함수
```

```python
def move_to_placement(position):
    m_lite.set_ptpcmd(2, position[0], position[1], position[2], position[3])
    time.sleep(1) # 팔이 배치 위치로 이동할 때까지 대기

# 흡착기 상태를 제어하는 함수
def control_suction_cup(enable, on):
    m_lite.set_endeffector_suctioncup(enable, on)
    time.sleep(1) # 흡착기 동작이 완료될 때까지 대기

m_lite.set_homecmd()
control_suction_cup(enable=True, on=False)

# 블록을 들어 올려서 top_positions에 놓기
for i in range(len(block1_positions)):
    move_to_placement(block1_positions[i])
    lower_suction_cup()
    control_suction_cup(enable=True, on=True)
    lift_suction_cup()
    move_to_placement(top_positions[i])
    lower_suction_cup()
    control_suction_cup(enable=True, on=False)
    lift_suction_cup()

# 블록을 left_positions에 놓기
for i in range(len(block2_positions)):
    move_to_placement(block2_positions[i])
    lower_suction_cup()
    control_suction_cup(enable=True, on=True)
    lift_suction_cup()
    move_to_placement(left_positions[i])
    lower_suction_cup()
    control_suction_cup(enable=True, on=False)
    lift_suction_cup()

# 블록을 right_positions에 놓기
for i in range(len(block3_positions)):
    move_to_placement(block3_positions[i])
    lower_suction_cup()
```

```
control_suction_cup(enable=True, on=True)

lift_suction_cup()

move_to_placement(right_positions[i])

lower_suction_cup()

control_suction_cup(enable=True, on=False)

lift_suction_cup()
```

[표 5-46] 블록 이동 동작

(6) 학습 평가

영역	번호	문 항	미흡	보통	우수
로봇 시퀀스 프로그래밍 실습 3	1	로봇 팔의 제어 방법에 대해 설명할 수 있는가?	①	②	③
	2	로봇을 순차적으로 제어하는 작업이 원활하게 진행되는가?	①	②	③
	3	여러 오브젝트가 나란히 배치되어 있는가?	①	②	③

(7) 연습 문제

분산된 블록들을 색상별로 각각 A, B, C 위치에서 나란히 Z 방향으로 쌓으시오.

Z 방향으로 블록 쌓기

```
...
# 각 방향에 대한 위치 설정
top_positions = [(###, ###, ###, 0), (###, ###, ###, 0), (###, ###, ###, 0), (###, ###, ###, 0)]
left_positions = [(###, ###, ###, 0), (###, ###, ###, 0), (###, ###, ###, 0), (###, ###, ###, 0)]
right_positions = [(###, ###, ###, 0), (###, ###, ###, 0), (###, ###, ###, 0), (###, ###, ###, 0)]
block1_positions = [(###, ###, ###, 0), (###, ###, ###, 0), (###, ###, ###, 0), (###, ###, ###, 0)]
block2_positions = [(###, ###, ###, 0), (###, ###, ###, 0), (###, ###, ###, 0), (###, ###, ###, 0)]
block3_positions = [(###, ###, ###, 0), (###, ###, ###, 0), (###, ###, ###, 0), (###, ###, ###, 0)]
...
```

[표 5-48] 블록 쌓기 코드

9. 선입선출 기반 로봇 제어하기

1) 교육 목적

로봇과 스마트 설비 간에 안전하고 효율적으로 협력하여 작업을 수행할 수 있도록 시스템을 검토하고 설계하는 능력이다.

(1) 실습 목적

① 선입선출의 개념에 대해 설명할 수 있다.

② Suction Cup을 사용하여 오브젝트를 원하는 위치로 움직일 수 있다.

③ Suction Cup을 사용하여 오브젝트를 들어 올리고 내릴 수 있다.

(2) 이론

① **선입선출**(First In First Out, FIFO)

㉠ [그림 5-29]와 같이 가장 먼저 들어온 물품을 가장 먼저 꺼내는 방법이다.

㉡ 일반적으로 제조 일자 등이 중요한 물품을 다룰 때 사용한다.

㉢ 먼저 입고된 물품이 먼저 출고되어 유통 기한 관리가 용이하다.

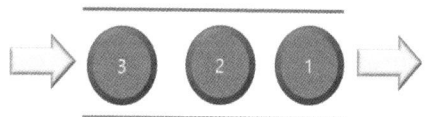

[그림 5-29] 선입선출법

② **로봇 팔 제어 함수**

move_to_placement(color): 물건을 내려놓을 위치로 로봇 팔을 이동시킨다.

③ **Suction Cup 제어 함수**

㉠ lift_suction_cup(): suction cup(로봇 팔)을 들어 올린다.

㉡ lower_suction_cup(): suction cup(로봇 팔)을 내린다.

㉢ control_suction_cup(enable, on): suction cup의 동작 유무를 지정한다.

(3) 준비

① 구성 부품

실습을 하기 위한 구성 부품들은 [표 4-2]를 참조한다.

② Magician Lite 연결

Magician Lite와 PC 연결, Magician Lite의 전원 연결은 [그림 4-4]와 [그림 4-5]를 참조한다.

③ 엔드 이펙터 연결

[그림 4-25]와 [그림 4-26]을 참조하여 엔드 이펙터를 연결한다.

(4) 동작 설명

[그림 5-30]과 [그림 5-31]을 참조하여. 로봇 팔을 이용하여 로봇 시퀀스 프로그래밍 실습 3에서 넣었던 오브젝트를 선입선출의 방식으로 꺼낼 수 있다.

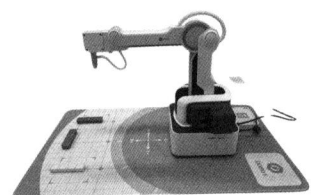
[그림 5-30] 동작 전

[그림 5-31] 동작 후

(5) 소스코드

```
# version: Python3
from DobotEDU import *
import time

# 각 방향에 대한 위치 설정
top_positions = [(340, -40, 15, 0), (340, -20, 15, 0), (340, 0, 15, 0), (340, 20, 15, 0)]
left_positions = [(340, -100, 15, 0), (320, -100, 15, 0), (300, -100, 15, 0), (280, -100, 15, 0)]
right_positions = [(340, 100, 15, 0), (320, 100, 15, 0), (300, 100, 15, 0), (280, 100, 15, 0)]
block1_positions = [(240, -20, 15, 0), (260, -20, 15, 0), (280, -20, 15, 0), (300, -20, 15, 0)]
block2_positions = [(240, 0, 15, 0), (260, 0, 15, 0), (280, 0, 15, 0), (300, 0, 15, 0)]
```

```
block3_positions = [(240, 20, 15, 0), (260, 20, 15, 0), (280, 20, 15, 0), (300, 20, 15, 0)]


# 블록을 들어 올리기 위한 높이 설정
lift_height = 60


# 흡착기를 들어 올리는 함수
def lift_suction_cup():
    current_position = m_lite.get_pose()
    m_lite.set_ptpcmd(2, current_position['x'], current_position['y'], current_position['z'] +
                      lift_height, current_position['r'])
    time.sleep(1) # 흡착기가 블록을 들어 올릴 때까지 대기


# 흡착기를 내리는 함수
def lower_suction_cup():
    current_position = m_lite.get_pose()
    m_lite.set_ptpcmd(2, current_position['x'], current_position['y'], current_position['z']
                      - lift_height, current_position['r'])
    time.sleep(1) # 흡착기가 블록을 내릴 때까지 대기


# 흡착기를 배치 위치로 이동시키는 함수
def move_to_placement(position):
    m_lite.set_ptpcmd(2, position[0], position[1], position[2], position[3])
    time.sleep(1) # 팔이 배치 위치로 이동할 때까지 대기


# 흡착기 상태를 제어하는 함수
def control_suction_cup(enable, on):
    m_lite.set_endeffector_suctioncup(enable, on)
    time.sleep(1) # 흡착기 동작이 완료될 때까지 대기


m_lite.set_homecmd()
control_suction_cup(enable=True, on=False)


#top_positions에서 블록을 들어 올려서 중심에 놓기
for i in range(len(top_positions)):
    move_to_placement(top_positions[i])
    lower_suction_cup()
    control_suction_cup(enable=True, on=True)
    lift_suction_cup()
```

```
        move_to_placement(block1_positions[i])
        lower_suction_cup()
        control_suction_cup(enable=True, on=False)
        lift_suction_cup()



#left_positions에서 블록을 들어 올려서 중심에 놓기
for i in range(len(left_positions)):
        move_to_placement(left_positions[i])
        lower_suction_cup()
        control_suction_cup(enable=True, on=True)
        lift_suction_cup()
        move_to_placement(block2_positions[i])
        lower_suction_cup()
        control_suction_cup(enable=True, on=False)
        lift_suction_cup()

# right_positions에서 블록을 들어 올려서 중심에 놓기
for i in range(len(right_positions)):
        move_to_placement(right_positions[i])
        lower_suction_cup()
        control_suction_cup(enable=True, on=True)
        lift_suction_cup()
        move_to_placement(block3_positions[i])
        lower_suction_cup()
        control_suction_cup(enable=True, on=False)
        lift_suction_cup()
```

[표 5-49] 소스 코드

(6) 학습 평가

영역	번호	문 항	미흡	보통	우수
로봇 시퀀스 프로그 래밍 실습 4	1	로봇 팔의 제어 방법에 대해 설명할 수 있는가?	①	②	③
	2	로봇을 순차적으로 제어하는 작업이 원활하게 진행되는가?	①	②	③
	3	여러 오브젝트가 나란히 배치되어 있는가?	①	②	③

[표 5-50] 학습 평가

(7) 연습문제

엔드 이펙터를 Gripper로 바꾼 뒤, 다음 동작을 구현하시오.

Gripper로 코드 작성
조건: 가능한 최소한의 수정만을 거쳐서 코드 작성

[표 5-51] Gripper 코드

10. 후입선출 기반 로봇 제어하기

1) 교육 목적

로봇과 스마트 설비 간에 안전하고 효율적으로 협력하여 작업을 수행할 수 있도록 시스템을 검토하고 설계하는 능력이다.

(1) 실습 목적

① 후입선출의 개념에 대해 설명할 수 있다.

② Suction Cup을 사용하여 오브젝트를 원하는 위치로 움직일 수 있다.

③ Suction Cup을 사용하여 오브젝트를 들어 올리고 내릴 수 있다.

(2) 이론

① **후입선출**(Last In First Out, LIFO)

ㄱ [그림 5-32]와 같이 가장 나중에 들어온 물품을 가장 먼저 꺼내는 방법이다.

ㄴ 창고 내의 적치 위치를 최소화하기에 용이하다.

ㄷ 물품의 출고 시간을 단축할 수 있다.

ㄹ 물품이 무겁거나 큰 경우에 창고의 공간 효율성이 크다.

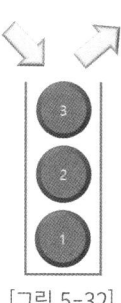

[그림 5-32]
후입선출법

② 로봇 팔 제어 함수

move_to_placement(color): 물건을 내려놓을 위치로 로봇 팔을 이동시킨다.

③ **Suction Cup 제어 함수**

㉠ lift_suction_cup(): suction cup(로봇 팔)을 들어 올린다.

㉡ lower_suction_cup(): suction cup(로봇 팔)을 내린다.

㉢ control_suction_cup(enable, on): suction cup의 동작 유무를 지정한다.

(3) 준비

① 구성 부품

실습을 하기 위한 구성 부품들은 [표 4-2]를 참조한다.

② **Magician Lite 연결**

Magician Lite와 PC 연결, Magician Lite의 전원 연결은 [그림 4-4]와 [그림 4-5]를 참조한다.

③ 엔드 이펙터 연결

[그림 4-25]와 [그림 4-26]을 참조하여 엔드 이펙터를 연결한다.

(4) 동작 설명

[그림 5-33]과 [그림 5-34]와 같이 로봇 팔을 이용하여 로봇 시퀀스 프로그래밍 실습 3에서 넣었던 오브젝트를 후입선출의 방식으로 꺼낼 수 있다.

[그림 5-33] 동작 전

[그림 5-34] 동작 후

(5) 소스코드

```python
# version: Python3
from DobotEDU import *
import time

# 각 방향에 대한 위치 설정
top_positions = [(340, -40, 15, 0), (340, -20, 15, 0), (340, 0, 15, 0), (340, 20, 15, 0)]
left_positions = [(340, -100, 15, 0), (320, -100, 15, 0), (300, -100, 15, 0), (280, -100, 15, 0)]
right_positions = [(340, 100, 15, 0), (320, 100, 15, 0), (300, 100, 15, 0), (280, 100, 15, 0)]
block1_positions = [(240, -20, 15, 0), (260, -20, 15, 0), (280, -20, 15, 0), (300, -20, 15, 0)]
block2_positions = [(240, 0, 15, 0), (260, 0, 15, 0), (280, 0, 15, 0), (300, 0, 15, 0)]
block3_positions = [(240, 20, 15, 0), (260, 20, 15, 0), (280, 20, 15, 0), (300, 20, 15, 0)]

# 블록을 들어 올리기 위한 높이 설정
lift_height = 60

# 흡착기를 들어 올리는 함수
def lift_suction_cup():
    current_position = m_lite.get_pose()
    m_lite.set_ptpcmd(2, current_position['x'], current_position['y'], current_position['z'] +
                    lift_height, current_position['r'])
    time.sleep(1) # 흡착기가 블록을 들어올릴 때까지 대기

# 흡착기를 내리는 함수
def lower_suction_cup():
    current_position = m_lite.get_pose()
    m_lite.set_ptpcmd(2, current_position['x'], current_position['y'], current_position['z']
                    - lift_height, current_position['r'])
    time.sleep(1) # 흡착기가 블록을 내릴 때까지 대기

# 흡착기를 배치 위치로 이동시키는 함수
def move_to_placement(position):
    m_lite.set_ptpcmd(2, position[0], position[1], position[2], position[3])
    time.sleep(1) # 팔이 배치 위치로 이동할 때까지 대기

# 흡착기 상태를 제어하는 함수
def control_suction_cup(enable, on):
    m_lite.set_endeffector_suctioncup(enable, on)
```

```python
        time.sleep(1) # 흡착기 동작이 완료될 때까지 대기

m_lite.set_homecmd()
control_suction_cup(enable=True, on=False)


# 블록을 들어 올려서 top_positions에 놓기
for i in range(len(top_positions)):
    move_to_placement(top_positions[len(top_positions)-i-1])
    lower_suction_cup()
    control_suction_cup(enable=True, on=True)
    lift_suction_cup()
    move_to_placement(block1_positions[len(top_positions)-i-1])
    lower_suction_cup()
    control_suction_cup(enable=True, on=False)
    lift_suction_cup()


# 블록을 left_positions에 놓기
for i in range(len(left_positions)):
    move_to_placement(left_positions[len(left_positions)-i-1])
    lower_suction_cup()
    control_suction_cup(enable=True, on=True)
    lift_suction_cup()
    move_to_placement(block2_positions[len(left_positions)-i-1])
    lower_suction_cup()
    control_suction_cup(enable=True, on=False)
    lift_suction_cup()


# 블록을 right_positions에 놓기
for i in range(len(right_positions)):
    move_to_placement(right_positions[len(right_positions)-i-1])
    lower_suction_cup()
    control_suction_cup(enable=True, on=True)
    lift_suction_cup()
    move_to_placement(block3_positions[len(right_positions)-i-1])
    lower_suction_cup()
    control_suction_cup(enable=True, on=False)
    lift_suction_cup()
```

[표 5-52] 소스코드

(6) 학습 평가

영역	번호	문 항	미흡	보통	우수
로봇 시퀀스 프로그래밍 실습 5	1	로봇 팔의 제어 방법에 대해 설명할 수 있는가?	①	②	③
	2	로봇을 순차적으로 제어하는 작업이 원활하게 진행되는가?	①	②	③
	3	여러 오브젝트들이 나란히 배치되어 있는가?	①	②	③

[표 5-53] 학습 평가

(7) 연습 문제

엔드 이펙터를 Gripper로 교체 후, 다음 동작을 구현하시오.

Gripper로 코드 작성
조건: 가능한 최소한의 수정만을 거쳐서 코드 작성

[표 5-54] Gripper 제어 코드

11. 카메라 정렬하기

1) 교육 목적

로봇과 스마트 설비 간에 안전하고 효율적으로 협력하여 작업을 수행할 수 있도록 시스템을 검토하고 설계하는 능력이다.

(1) 실습 목적

① 파이썬을 통해 카메라를 제어할 수 있다.

② 기준 좌표축 이미지를 활용하여 카메라를 정렬할 수 있도록 십자선을 표시할 수 있다.

(2) 이론

① OpenCV 개요

ㄱ OpenCV(Open source Computer Vision)는 실시간 컴퓨터 비전을 처리하는 목적으로 만들어진 라이브러리이다.

ⓒ "pip install opencv-python"을 사용하여 설치할 수 있다.

ⓔ DobotLab을 설치했다면 같이 설치되어 있다.

② **OpenCV 사용**

ⓐ OpenCV에서 이미지를 읽기 위해서는 imread() 함수를 사용하고, 이미지를 저장하기 위해 imwrite() 함수를 사용한다. 또한, 이미지를 화면에 표시하기 위해 imshow() 함수를 사용한다.

이미지 출력	결과
| ```python
import cv2
# 이미지 읽기
img = cv2.imread('test.jpg', 1)
# 이미지 화면에 표시
cv2.imshow('Test Image', img)
cv2.waitKey(0)
# 이미지윈도우 삭제
cv2.destroyAllWindows()
# 이미지 다른 파일로 저장
cv2.imwrite('test2.png', img)
``` | |

[표 5-55] 이미지 출력

ⓑ OpenCV에서 카메라(웹캠)로부터 영상을 전달받아 처리하기 위해서는 VideoCapture 클래스를 사용한다.

ⓒ VideoCapture 클래스 인스턴스를 생성한 후, VideoCapture 클래스의 read() 메서드를 호출하여 카메라 이미지(프레임)를 가져올 수 있다.

ⓓ 프레임을 화면에 출력하기 위해서는 cv2.imshow() 함수를 사용하면 된다.

ⓔ VideoCapture 클래스의 isOpened() 메서드는 카메라 영상 캡처가 초기화되었는지 여부를 리턴하며, 카메라 사용을 종료하기 위해서는 release() 메서드를 사용하면 된다. isOpened() 메서드 대신 그냥 while True를 사용하여 별도의 작업이 있기 전에 무한 반복하게 만들기도 한다.
```

```python
import cv2

cap = cv2.VideoCapture(0)    # 0: default camera
cap.set(cv2.CAP_PROP_FRAME_WIDTH, 640) # 영상 가로 길이
cap.set(cv2.CAP_PROP_FRAME_HEIGHT, 480) # 영상 세로 길이
while cap.isOpened():  # 혹은 while True(): 사용
    # 카메라 프레임 읽기
    ret, frame = cap.read()
    if ret:
        # 프레임 출력
        cv2.imshow('Camera Window', frame)

        # q를 누르면 종료
        if cv2.waitKey(1) & 0xFF == ord('q'):
            break

cap.release()
cv2.destroyAllWindows()
```

[표 5-56] 실시간 이미지 출력

③ 십자선 표시하기

display_crosshairs(image): image(영상의 1 프레임)를 읽어, 해당 image의 크기에 맞춰 십자선을 영상 위에 그린다.

(3) 준비

① 구성 부품

실습을 하기 위한 구성 부품들은 [표 4-2]를 참조한다.

② Magician Lite 연결

Magician Lite와 PC 연결, Magician Lite의 전원 연결은 [그림 4-4]와 [그림 4-5]를 참조한다.

③ 카메라 연결

연결 순서와 방법은 [그림 4-132]부터 [그림 4-137]까지를 참조하여 연결한다.

(4) 동작 설명

[그림 5-35]와 [그림 5-36]과 같이 기준 좌표축 이미지를 활용하여 카메라를 정렬할 수 있도록 십자선을 표시한다.

[그림 5-35] 로봇 팔 배치

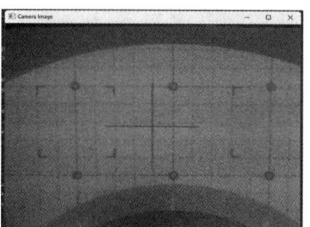

[그림 5-36] 십자선 표시 화면

(5) 소스코드

```python
import cv2

# Set the camera calibration parameters
camera_focal_length = 500 # Focal length of the camera in pixels

# Function to display the crosshairs at the center of the camera image
def display_crosshairs(image):
    crosshair_size = 100
    # Get the center of the image
    center_x = image.shape[1] // 2
    center_y = image.shape[0] // 2

    # Draw horizontal line
    cv2.line(image, (center_x - crosshair_size, center_y), (center_x + crosshair_size,
            center_y), (0, 0, 255), 2)

    # Draw vertical line
    cv2.line(image, (center_x, center_y - crosshair_size), (center_x, center_y + crosshair_
            size), (0, 0, 255), 2)
    cv2.imshow("Camera Image", image)
```

```
# Camera setup (open the camera and set the resolution)
cap = cv2.VideoCapture(0)
cap.set(cv2.CAP_PROP_FRAME_WIDTH, 640)
cap.set(cv2.CAP_PROP_FRAME_HEIGHT, 480)
while True:
    # Capture a frame from the camera
    ret, frame = cap.read()
    if not ret:
        break
    # Display the camera image with crosshairs at the center
    display_crosshairs(frame)
    # Exit the loop when 'q' key is pressed
    if cv2.waitKey(1) & 0xFF == ord('q'):
        break

# Release the camera and close the OpenCV windows
cap.release()
cv2.destroyAllWindows()
```

[표 5-57] 소스코드

(6) 학습 평가

영역	번호	문 항	미흡	보통	우수
카메라 정렬하기	1	Camera Kit가 올바로 동작하는가?	①	②	③
	2	화면의 정중앙에 십자선이 만들어졌는가?	①	②	③
	3	카메라 정렬의 중요성에 대해 설명할 수 있는가?	①	②	③

[표 5-58] 학습 평가

(7) 연습문제

다음을 참고하여 원이나 사각형으로 카메라를 정렬하시오.

① cv2.circle(img, 그릴 위치, 원의 중심점, 반지름, 색상, 두께, 선 종류)

② cv2.rectangle(img, 그릴 위치, 좌측 상단 좌표, 우측 하단 좌표, 색상, 두께, 선 종류)

  ㉠ 선 종류는 cv2.LINE_AA로 하거나 생략한다.

  ㉡ 도형의 색상은 (Blue, Green, Red) 순서이다. 만약 빨간색을 출력하고 싶다면 색상에
     (0, 0, 255)를 넣으면 된다.

1) 교육 목적

로봇과 스마트 설비 간에 안전하고 효율적으로 협력하여 작업을 수행할 수 있도록 시스템을 검토하고 설계하는 능력이다.

(1) 실습 목적

① 데이터 학습을 위해 오브젝트 색상 데이터를 수집할 수 있다.

② 데이터 수집 방법에 대해 설명할 수 있다.

(2) 이론

① ai.feature_image_classify(img_base64s, lables, class_num, flag)

ㄱ 학습용 데이터셋에 그림을 추가한다.

ㄴ img_base64s: BASE64 변환 후 사진 모음. 데이터 타입: list

ㄷ lables: 현재 데이터 세트의 마크 번호(예: 첫 번째 데이터 세트가 [0]으로 설정됨)

ㄹ class_num: 총 데이터셋 수. 예를 들어, 데이터셋이 3개인 경우 이 매개변수를 3으로 설정

ㅁ flag: 첫 번째 데이터셋의 첫 번째 그림은 0으로 설정하고, 마지막 데이터셋의 마지막 그림은 2로 설정하고, 가운데 그림은 1로 설정하는 방법

ㅂ 반환값: 학습 성공 여부

② util.get_image(timeout, port, flip)

ㄱ 카운트다운 촬영을 진행하고 이미지 파일을 저장한다.

ㄴ timeout: 촬영 지연 시간, 단위: 초

ㄷ port: 이미지를 가져올 카메라 포트 지정

ㄹ flip: 그림 뒤집기, 기본적으로 뒤집지 않음.

ㅁ 반환값: image_data: 이미지 데이터

③ ai.set_background(img_base64)

    ㉠ 현재 배경을 보정된 배경으로 설정한다.

    ㉡ img_base64 : BASE64 변환 후 사진

    ㉢ 반환값: 배경 보정 성공 여부

④ ai.feature_image_group(img_base64)

    ㉠ 그림이 어떤 데이터 집합에 속할지 결정한다.

    ㉡ img_base64 : BASE64 변환 후 사진

⑤ cv2.waitKey(time)

    ㉠ 키 이벤트 처리

    ㉡ 키보드 입력을 기다리는 동안 프로그램 일시 정지, Run window가 아닌 실행 중인 이미지 창에 키보드 입력을 해야 한다.

    ㉢ time: 키보드 입력을 받기까지 대기 시간. 해당 시간 동안을 프로그램이 동작한다. 0으로 설정 시 무한 대기

(3) 준비

① 구성 부품

실습을 하기 위한 구성 부품들은 [표 4-2]를 참조한다.

② Magician Lite 연결

Magician Lite와 PC 연결, Magician Lite의 전원 연결은 [그림 4-4]와 [그림 4-5]를 참조한다.

③ 카메라 연결

연결 순서와 방법은 [그림 4-132]부터 [그림 4-137]까지를 참조하여 연결한다.

(4) 동작 설명

Camera Kit를 이용하여 데이터셋을 학습시켜 오브젝트를 인식시킨 뒤, 오브젝트의 데이터를 수집한다.

Step1. 배경 촬영	Step2. 데이터 set 이름 입력
![video window showing "1"]	Type a name of data set: >>> [원하는 데이터 set 이름 입력 후 enter]

[표 5-59] Step1, Step2

Step3. 데이터 set 구성 이미지 개수 설정	Step4. 이미지 수만큼 이미지 촬영(수집)

Type a number of photos of data set:
>>> [이미지 촬영 횟수 설정]
※ 이 후, 총 3개의 데이터 set에 대한 이름 설정과 촬영 이미지 수를 반복해서 선택해 준다.
Type a name of data set:
>>> red
Type a number of photos of data set:
>>> 3
Type a name of data set:
>>> yello
Type a number of photos of data set:
>>> 3
Type a name of data set:
>>> green
Type a number of photos of data set:
>>> 3
	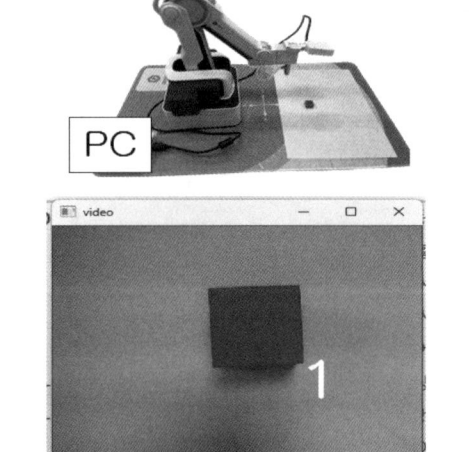

[표 5-60] Step3, Step4

Step5. 데이터 set 학습 완료 후 인식 수행	결과
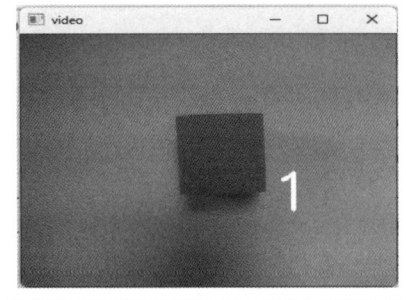	data_base {0: 'red', 1: 'yellow', 2: 'green'} image recognition result green data_base {0: 'red', 1: 'yellow', 2: 'green'} >>>

[표 5-61] Step 5

(5) 소스코드

```
from DobotEDU import *
import base64
import cv2
import time

m_lite.set_ptpcmd(2, 240, 0, 0, 0)
time.sleep(1)

def to_base64(file_name): #Convert to Base64 format
    with open(file_name, 'rb') as f:
        base64_data = base64.b64encode(f.read())
    return base64_data

def get_image(file_name, timeout, port, flip=False):
    pic = util.get_image(timeout, port, flip)
    cv2.imwrite(file_name, pic)
    base64_image = to_base64(file_name).decode("utf-8")
    return base64_image

#Image recognition
#Background image
back_ground = get_image("C:/background.png", 5, 0)

#Background calibration
ai.set_background(back_ground)
cv2.waitKey(0)

#Set up data sets
size = 3 #Number of data sets
data_base = {}

for j in range(size):
    a = input("Type a name of data set:") #Name of data sets
    print(a)
    data_base[j] = a
```

```
#0, 1, 2
a_t = input("Type a number of photos of data set:")
a_i= int(a_t)
for i in range(a_i):
   #카메라 에러 발생 시, port 번호를 카메라가 연결된 포트 번호로 변경 필요
      img = get_image("C:/"+a+str(i)+".png", timeout=5, port=0)
      cv2.waitKey(0)
      if i == 0 and j == 0:
         res = ai.feature_image_classify([img], [j], size, 0)
         print(res)
      elif i == a_i-1 and j == size - 1:
         haha = ai.feature_image_classify([img], [j], size, 2)
      else:
         ai.feature_image_classify([img], [j], size, 1)


#Take photos to acquire pictures to be recognized
while True:
   print("data_base", data_base)
   image = get_image("C:/c.png", timeout=5, port=0)
   cv2.waitKey(0)
   #Call moodels to recognize
   res = ai.feature_image_group(image)
   result = data_base[res]
   print("image recognition result", result)
```

[표 5-62] 소스코드

(6) 학습 평가

영역	번호	문 항	미흡	보통	우수
데이터 수집하기	1	올바르게 데이터셋이 학습되었는가?	①	②	③
	2	데이터베이스에 데이터가 올바로 저장되는가?	①	②	③
	3	Camera Kit가 올바로 동작하는가?	①	②	③

[표 5-63] 학습 평가

(7) 참고 자료

컴퓨팅 분야에서 'base64'는 8비트 이진 데이터(실행 파일, ZIP 파일 등등)를 문자 인코딩에 영향을 받지 않는 공통 ASCII 영역의 문자들로만 구성한 일련의 문자열로 바꾸는 인코딩 방식을 말한다.

값	문자	값	문자	값	문자	값	문자
0	A	16	Q	32	g	48	w
1	B	17	R	33	h	49	x
2	C	18	S	34	i	50	y
3	D	19	T	35	j	51	z
4	E	20	U	36	k	52	0
5	F	21	V	37	l	53	1
6	G	22	W	38	m	54	2
7	H	23	X	39	n	55	3
8	I	24	Y	40	o	56	4
9	J	25	Z	41	p	57	5
10	K	26	a	42	q	58	6
11	L	27	b	43	r	59	7
12	M	28	c	44	s	60	8
13	N	29	d	45	t	61	9
14	O	30	e	46	u	62	+
15	P	31	f	47	v	63	/

[표 5-64] base64

13. 데이터 인식하기

1) 교육 목적

로봇과 스마트 설비 간에 안전하고 효율적으로 협력하여 작업을 수행할 수 있도록 시스템을 검토하고 설계하는 능력이다.

(1) 실습 목적

데이터 수집하기에서 만들었던 데이터베이스를 읽는다.

(2) 이론

① **이미지 형식 변환 to_base64(file_name)**

㉠ 이미지를 불러온 뒤 기존 이미지의 8비트 이진 데이터를 64진법으로 변환한다.

㉡ base64(64진법)는 기존 8비트 이진 데이터를 문자 코드에 영향받지 않는 공통의 ASCII 영역의 문자들로만 이루어진 일련의 문자열이다.

② **촬영된 이미지 저장 get_image(file_name, timeout, port, flip=False)**

카메라 모듈로 촬영된 이미지를 base64로 저장한다.

③ **촬영된 이미지 불러오기 get_fileimage(file_name)**

카메라 모듈로 촬영된 이미지를 base64로 불러온다.

④ **키 이벤트 처리 cv2.waitKey(time)**

㉠ 키보드 입력을 기다리는 동안 프로그램 일시 정지, Run window가 아닌 실행 중인 이미지 창에 키보드 입력을 해야 한다.

㉡ time: 키보드 입력을 받기까지 대기 시간이며, 해당 시간 동안을 프로그램이 동작한다. 0으로 설정 시, 무한 대기

(3) 준비

① **구성 부품**

실습을 하기 위한 구성 부품들은 [표 4-2]를 참조한다.

② **Magician Lite 연결**

Magician Lite와 PC 연결, Magician Lite의 전원 연결은 [그림 4-4]와 [그림 4-5]를 참조한다.

③ **카메라 연결**

연결 순서와 방법은 [그림 4-132]부터 [그림 4-137]까지를 참조하여 연결한다.

(4) 동작 설명

[그림 5-37]과 같이 파이썬 프로그램을 사용하여 데이터 수집하기에서 만들어진 데이터 베이스를 읽는다. 이때 ※ 다양한 색상의 물체를 사용하여 측정한다.

[그림 5-38]은 결과물 저장 리스트이다.

[그림 5-37] 데이터베이스와의 비교 물체 촬영1

- background.png
- red0.png
- red1.png
- red2.png
- green0.png
- c.png
- yellow0.png
- yellow1.png
- yellow2.png
- green1.png
- green2.png

[그림 5-38] 결과물 저장

물체 색상 인식 결과

```
data_base {0: 'red', 1: 'yellow', 2: 'green'}
image recognition result red
data_base {0: 'red', 1: 'yellow', 2: 'green'}
image recognition result yellow
data_base {0: 'red', 1: 'yellow', 2: 'green'}
image recognition result green
>>>
```

[표 5-65] 물체 색상 인식 결과

(5) 소스코드

```python
from DobotEDU import *
import base64
import cv2
import time


m_lite.set_ptpcmd(2, 240, 0, 0, 0)
time.sleep(1)


def to_base64(file_name): #Convert to Base64 format
    with open(file_name, 'rb') as f:
        base64_data = base64.b64encode(f.read())
        return base64_data
```

```python
def get_image(file_name, timeout, port, flip=False):
    pic = util.get_image(timeout, port, flip)
    cv2.imwrite(file_name, pic)
    base64_image = to_base64(file_name).decode("utf-8")
    return base64_image


def get_fileimage(file_name):
    base64_image = to_base64(file_name).decode("utf-8")
    return base64_image


#Image recognition
#Background image
back_ground = get_fileimage("C:/background.png")


#Background calibration
ai.set_background(back_ground)
cv2.waitKey(0)


#Set up data sets
size = 3 #Number of data sets
data_base = {}
data_base[0] = "red"
data_base[1] = "yellow"
data_base[2] = "green"


for j in range(size):
    for i in range(3):
        img = get_fileimage(""C:/"+data_base[j]+str(i)+".png")
        cv2.waitKey(0)
        if i == 0 and j == 0:
            res = ai.feature_image_classify([img], [j], size, 0)
            print(res)
        elif i == (3-1) and j == (size - 1):
            haha = ai.feature_image_classify([img], [j], size, 2)
        else:
```

```
        ai.feature_image_classify([img], [j], size, 1)
    print(data_base[j]+" : ")


#Take photos to acquire pictures to be recognized
while True:
    print("data_base", data_base)
    #카메라 에러 발생 시, port 번호를 카메라가 연결된 포트 번호로 변경 필요
    image = get_image("C:/c.png", timeout=5, port=0)
    cv2.waitKey(0)
    #Call moodels to recognize
    res = ai.feature_image_group(image)
    result = data_base[res]
    print("image recognition result", result)
```

[표 5-66] 소스코드

(6) 학습 평가

영역	번호	문 항	미흡	보통	우수
데이터 인식하기	1	데이터를 올바르게 인식하였는가?	①	②	③
	2	Camera Kit가 올바로 동작하는가?	①	②	③
	3	파이썬 코드에 대해 설명할 수 있는가?	①	②	③

[표 5-67] 학습 평가

(7) 연습 문제

카메라 관련 실습을 참고하여, 4가지 색에 대한 데이터 set을 만들어 색상을 인식하는 프로그램을 작성하시오.

14. 데이터 학습 및 로봇 워크 분류하기

1) 교육 목적

로봇과 스마트 설비 간에 안전하고 효율적으로 협력하여 작업을 수행할 수 있도록 시스템을 검토하고 설계하는 능력이다.

(1) 실습 목적

① 데이터 수집하기에서 만들어진 데이터베이스를 기반으로 각각의 데이터를 활용하여 로봇 팔을 동작할 수 있다.

② 수집된 데이터베이스와 새로 인식한 오브젝트의 색상 정보에 따라 로봇 팔의 동작 구현을 다르게 할 수 있다.

(2) 이론

① **이미지 형식 변환 to_base64(file_name)**

  ㉠ 이미지를 불러온 뒤 기존 이미지의 8비트 이진 데이터를 64진법으로 변환한다.

  ㉡ base64(64진법)는 기존 8비트 이진 데이터를 문자 코드에 영향받지 않는 공통의 ASCII 영역의 문자들로만 이루어진 일련의 문자열이다.

② **촬영된 이미지 저장 get_image(file_name, timeout, port, flip=False)**

  카메라 모듈로 촬영된 이미지를 base64로 저장한다.

③ **촬영된 이미지 불러오기 get_fileimage(file_name)**

  카메라 모듈로 촬영된 이미지를 base64로 불러온다.

④ **키 이벤트 처리 cv2.waitKey(time)**

  ㉠ 키보드 입력을 기다리는 동안 프로그램 일시 정지, Run window가 아닌 실행 중인 이미지 창에 키보드 입력을 해야 한다.

  ㉡ time: 키보드 입력을 받기까지 대기 시간. 해당 시간 동안을 프로그램이 동작한다. 0으로 설정 시, 무한 대기

(3) 준비

① 구성 부품

실습을 하기 위한 구성 부품들은 [표 4-2]를 참조한다.

② Magician Lite 연결

Magician Lite와 PC 연결, Magician Lite의 전원 연결은 [그림 4-4]와 [그림 4-5]를 참조한다.

③ 카메라 연결

연결 순서와 방법은 [그림 4-132]부터 [그림 4-137]까지를 참조하여 연결한다.

(4) 동작 설명

① [그림 5-39]와 같이 Camera Kit를 이용하여 오브젝트의 색상을 학습한다.
② [그림 5-40]과 같이 데이터베이스에 학습된 색상에 따라 오브젝트를 이동시킨다.

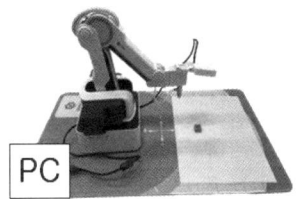

[그림 5-39] 동작 전

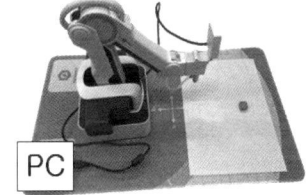

[그림 5-40] 동작 후

(5) 소스코드

```python
from DobotEDU import *
import base64
import cv2
import time

m_lite.set_ptpcmd(2, 240, 0, 0, 0)
time.sleep(1)

def to_base64(file_name): #Convert to Base64 format
    with open(file_name, 'rb') as f:
        base64_data = base64.b64encode(f.read())
```

```python
        return base64_data

def get_image(file_name, timeout, port, flip=False):
    pic = util.get_image(timeout, port, flip)
    cv2.imwrite(file_name, pic)
    base64_image = to_base64(file_name).decode("utf-8")
    return base64_image

def get_fileimage(file_name):
    base64_image = to_base64(file_name).decode("utf-8")
    return base64_image

#Image recognition
#Background image
back_ground = get_fileimage("C:/background.png")

#Background calibration
ai.set_background(back_ground)
cv2.waitKey(0)

#Set up data sets
size = 3 #Number of data sets
data_base = {}
data_base[0] = "red"
data_base[1] = "yellow"
data_base[2] = "green"

for j in range(size):
    for i in range(3):
        img = get_fileimage("C:/"+data_base[j]+str(i)+".png")
        cv2.waitKey(0)
        if i == 0 and j == 0:
            res = ai.feature_image_classify([img], [j], size, 0)
            print(res)
        elif i == (3-1) and j == (size - 1):
            haha = ai.feature_image_classify([img], [j], size, 2)
        else:
            ai.feature_image_classify([img], [j], size, 1)
```

```
    print(data_base[j]+" : ")

#Take photos to acquire pictures to be recognized
while True:
    print("data_base", data_base)
    #카메라 에러 발생 시, port 번호를 카메라가 연결된 포트 번호로 변경 필요
    image = get_image("C:/c.png", timeout=5, port=0)
    cv2.waitKey(0)
    #Call models to recognize
    res = ai.feature_image_group(image)
    result = data_base[res]
    print("image recognition result", result)
    m_lite.set_ptpcmd(0, 300, 0, -25, 0)
    m_lite.set_endeffector_suctioncup(enable=True, on=True)
    time.sleep(2)


    if result == "red":
        m_lite.set_ptpcmd(0, 300, -100, -25, 0)
        m_lite.set_endeffector_suctioncup(enable=True, on=False)
    elif result == "green":
        m_lite.set_ptpcmd(0, 340, 0, -25, 0)
        m_lite.set_endeffector_suctioncup(enable=True, on=False)
    elif result == "yellow":
        m_lite.set_ptpcmd(0, 300, 100, -25, 0)
        m_lite.set_endeffector_suctioncup(enable=True, on=False)
    time.sleep(2)
    m_lite.set_ptpcmd(0, 240, 0, 0, 0)
    time.sleep(1)
```

[표 5-68] 소스코드

(6) 학습 평가

영역	번호	문 항	미흡	보통	우수
학습된 데이터를 통한 로봇 워크 분류 동작	1	Camera Kit로 오브젝트를 올바르게 식별하였는가?	①	②	③
	2	데이터를 올바르게 인식하였는가?	①	②	③
	3	데이터 수집이 원활하게 이루어졌는가?	①	②	③

[표 5-69] 학습 평가

참고 문헌

· 멜섹(MELSEC) PLC 제어 기초실습, 정용섭외, 광문각, 2019

· 기초부터 시작하는 PLC 멜섹 Q, 정완보, 한빛 아카데미, 2017

· MELSEC 사용자 중심 PLC강의, 이모세, 일진사, 2023

· GLOFA GM4 중심 PLC의 제어, 엄기찬외, 북스힐, 2015

· PLC제어 생산자동화산업기사, 조철수외, 구민사, 2021

쉽게 배우는

AI 기반 (DoBot Magician Lite)
스마트 로봇제어

| 2025년 6월 2일 | 1판 | 1쇄 | 인 쇄 |
| 2025년 6월 15일 | 1판 | 1쇄 | 발 행 |

지은이 : 김 진 우
감 수 : LPK로보틱스

펴낸이 : 박 정 태

펴낸곳 : **광 문 각**

10881
경기도 파주시 파주출판문화도시 광인사길 161
광문각 B/D 4층
등 록 : 1991. 5. 31 제12-484호
전 화(代): 031-955-8787
팩 스 : 031-955-3730
E - mail : kwangmk7@hanmail.net
홈페이지 : www.kwangmoonkag.co.kr

ISBN : 979-11-93965-15-3   93560

값 : 20,000원

한국과학기술출판협회
Korean Science & Technology Publisher Association